你若盛开 蝴蝶自来

受欢迎的女性情商课

雅楠
著

中国纺织出版社

内 容 提 要

长得漂亮是与生俱来的幸运，活得漂亮却是后天的修炼。若问世间有什么东西能给女人一生幸福、一世安稳，答案绝不是出身和婚姻，更不是美貌和身材，而是活跃在头脑里的智慧和印刻在骨子里的坚强，而这一切无不在考验着女人的情商。唯有学会经营生活、经营自己、经营人际、经营爱情，才可以做一株常开不败的铿锵玫瑰。

图书在版编目（CIP）数据

你若盛开，蝴蝶自来：受欢迎的女性情商课／雅楠著. —北京：中国纺织出版社，2018. 1（2018.6重印）
ISBN 978-7-5180-3993-7

Ⅰ.①你… Ⅱ.①雅… Ⅲ.①女性—情商—通俗读物 Ⅳ.①B842.6-49

中国版本图书馆CIP数据核字（2017）第215972号

策划编辑：郝珊珊 责任印制：储志伟

中国纺织出版社出版发行
地址：北京市朝阳区百子湾东里A407号楼 邮政编码：100124
销售电话：010－67004422 传真：010－87155801
http：//www.c-textilep.com
E-mail：faxing@c-textilep.com
中国纺织出版社天猫旗舰店
官方微博http：//weibo.com/2119887771
三河市延风印装有限公司印刷 各地新华书店经销
2018年1月第1版 2018年6月第2次印刷
开本：710×1000 1/16 印张：15
字数：146千字 定价：39.80元

前言
Preface

让我们用美丽的故事掀开这本书的第一页。

一个人为了得到美丽的蝴蝶，买来跑鞋、网子，穿上运动装，追逐奔跑了许久，累得气喘吁吁，终于捉到了几只。蝴蝶恐惧万分，在网子里挣扎不休，那副在空中翩翩起舞的美丽，荡然无存。另一个人也很喜欢蝴蝶，他在窗台上放了几盆花，而后静静地坐在沙发上品着香茗，很快，蝴蝶就扇动着翅膀翩翩而来。

同样爱蝴蝶、爱美好，前者是一副拼命追逐的狼狈，后者却是一副静静吸引的美姿。转念一想：生命中的荣华闪耀、名利财富、幸福快乐，不正是一心向往的“蝴蝶”吗？

芸芸众生的女子，多数都在辛苦地追求着，结果，落得一身疲惫，纵然最后得到了想要的东西，也早已少了当初憧憬时的味道。少有女人静下心来寻思，在浮躁而功利的世界里，把自己活成一株温婉安宁的玫瑰，让生命绽放，吐露芬芳，吸引蝴蝶款款而来。

对于女人来说，长得漂不漂亮是与生俱来的，可活得漂不漂亮就是后天的选择了。智商只能使一个人获得短暂的成功，但是人生那么长，总会有起伏跌宕、有生离死别、有名利诱惑、有否定怀疑，林林总总，无不在岁月的流逝中，侵蚀着女人的内心。要做一辈子的赢家，就得不断地修炼情商。唯有学会经营生活、经营自己、经营人际、经营爱情，才可以做一株常开不败的铿锵玫瑰。

在充满变数的世界里穿行，你可以不够漂亮，但一定要有活得漂亮的能力。花红不为争春春自艳，花开不为引蝶蝶自来。努力修炼自己、完善自己吧！让性情更优雅，心灵更平和，生活更美满。记住：你若盛开，蝴蝶自来！

Contents

目录

Chapter 1

活出自我时，一切都是最好的安排

Chapter 2

以温柔的姿态，对抗世间所有的强硬

Chapter 3

心有格局的女人，从来不会输给情绪

Chapter 4

修炼『言』值，你比想象中更受欢迎

Chapter 5

当人生遇到羁绊，勇敢地对生命说『是』

Chapter 6

爱的情商高一点，幸福就会多一点

Chapter 7

人生不为谁止步，给自己留一片天空

Chapter 1

活出自我时，一切都是最好的安排

亲爱的，做你自己就对了

在这个越来越浮华的世界里，女人脆弱而凌乱的心仿佛只有得到他人的认可，才能收获平静安宁，才会显得不那么孤单。否则的话，整个人都会陷入一种焦躁的状态中。于是，为了取悦别人，为了得到赞美和羡慕，许多事情明明不情愿去做，却又无可奈何地选择了妥协。

事实上，取悦他人的女人，内心深处都不太相信自己。对于自身的定位，对于事情的评判，没有自己的标准，丧失了主动的意义和心灵的自由。不过，这种取悦的结果，并不见得能够讨好到谁，反倒是给人一种卑微懦弱的感觉。最终，千般讨好，万般忍耐，却落得不被重视的结局，徒增烦恼。

曾有个漂亮的女人，认为自己的舞姿倾国倾城。许多年来，她四处表演，试图得到他人的认可，可惜的是，围观的人不少，夸赞的人并不多。她思来索去，不知何故。

一天，她遇见一位禅师，便向禅师诉说了自己的苦恼。禅师笑笑，指着窗外的一株植物对她说："你看，那是什么花？"女人看后对禅师讲："那是夜来香。"

禅师说："它只在晚上才会开放，所以叫夜来香。那你是否知道，夜来香为何只在晚上开放，而白天却不开花呢？"女人愣住，摇了摇头。

禅师笑着说："夜晚开花，只是为了取悦自己！"见眼前的女人不作声，禅师接着说："白天开放的花，只是为了引人注目，取悦别人。而这夜来香，在无人欣赏的情况下，依然努力盛开，芳香四溢，其实只是为了让自己快乐，它只是在做好自己而已。"

禅师看了看已经有所领悟的女人，笑着说："许多人总是把幸福的钥匙交给别人，所做的一切都只是为了取悦别人，其实这样毫无意义。不管什么时候，都要记得做自己的主角，走好自己脚下的路，欣赏自己身边的风景。"

一味地将别人当作自己生活的主角，生活的基调也就不是自己所喜欢、所向往的了。女人在取悦别人的同时，灵魂里的声音被压抑，不敢成为真实的自己，说什么、做什么都像是戴着面具，浑身不自在，付出的代价也可想而知，留下遗憾也在所难免。与此同时，总是想着取悦别人，而不从内在修炼自己、强大自己，整个人只会变得越来越卑微、越来越浅薄。

有个女孩自幼跟随父亲经商，见过各种各样的大场面。一开始，她希望别人都喜欢她，也希望自己出类拔萃，得到别人的关注。可后来她发现，世界上人们性格各异，没有办法一个一个去讨好，而且，无论她怎么取悦，总是顾此失彼，弄得筋疲力尽。她很苦恼，感觉自己渺小得一文不值，不明白为什么自己这么努力还是无法得到别人的认可。

精明的父亲自然看出了女儿的心思，他告诉女儿：取悦别人并不能让自己得到尊重。真正的优秀，是尽自己所能，活出最大的价值，给别人欣赏自己的机会。父亲教她如何打高尔夫球、如何品鉴美酒，告诉她如何做个有品位的人。业余时间，她还学会了摄影，学会了舞蹈，把自己最美好的一面展示出来。与此同时，她还了解投资和理财，学着经营事业。多年后的她，成了一个美丽与智慧并存的女人。这份内在的修养，赢得了许多人的赞赏与羡慕。

与其浪费时间在别人身上，获得一时的好处，不如给自己制订完美的计划，一步一个脚印，走到自己期望的地方去。取悦只是一时的，而活得快乐却是自己的。与其等待别人“赏赐”幸福，不如自己创造，释放自己，让心灵自由，这才是最大的幸福。

也许，偶尔你可能会被孤立、会被误解，但那都无妨，只要你活出了真正的自己，就是值得的。因为在这个世界上，没有一个人可以做到让所有人都满意，压抑一两次内心的想法没什么，可是压抑一辈子实在太委屈。人生短短几十载，何不做一个自由自在的人，听从自己的想法，快乐一生呢？要相信：当你成为大海时，百川自会汇聚；当你成为盛开之花时，蝴蝶自会飞来。

对自己说一句「我很好」

女人爱美，目光总是追随着美好的事物，若是将这份欣赏美的态度置于自己身上，那必然会活出一份自信和洒脱；怕就怕，只关注别人拥有而自己无法企及的美好，把自己的价值压得低低的，在心里种下自卑的种子。

站在烦恼里仰望生活的女人，永远与幸福绝缘。消极和自卑如同一张巨大的网，笼罩了生活里的每一个角落，促发心理暗示，抑制自身的信心，限制内在的潜能，加深自卑的凝结，恶性循环。女人看着不满意的自己、不满意的生活，免不了一声叹息。

罗丹曾说过，生活中并不缺少美，而是缺少发现美的眼睛。自卑的女人，并非真的一无是处，只是她们尚未把目光投射在自身的优势与能力上。而那些有所成就、充满魅力的女人，通常都有一点点“自恋”，无论是在人前还是人后，她们都会适度地自我欣赏、自我陶醉。这样的女人是愉悦的，是幸福的。她们充分享受自信带来的阳光，用外在的装扮和内在的丰盈，给自己注入无限的美丽。这种美，经得起时光的雕琢和岁月的打磨，美得让人心悦诚服。

英国大提琴家杰奎琳·杜普蕾非常欣赏自己的音乐和人格，她的自信在音乐里飘扬，不会为了任何人而改变，也不会因为世俗的眼光而有所动摇，更不因为外界的妄加揣测而改变自己的信念。像杜普蕾那样活得精彩绝伦，生命和美丽自然会不朽。纵使岁月荏苒、光阴不再，她也能够给自己一片天空，留给人们无尽的怀念与惊叹。

筱梦曾是一所名牌大学计算机专业的学生，毕业后在一家私营小公司里做一名文件管理员，拿着微薄的薪资。其实，她并不甘心一直如此，只是迫于生活的压力，才让自己暂时降低了标准。一年之后，她有了一定的物质保障，也有了些许的工作经验，便离开那家公司，开始寻觅自己中意的工作。

可她心里并不太自信，每次与人谈到自己的工作经历时，她的眼神飘忽不定，与人说话声音微乎其微，担心别人嘲笑自己矮小的个子、微胖的身材，给人第一印象极差。纵然她有一身的才华和能力，却也没能得到展示的机会。自卑深深扎根在她心里，她知道这样不好，只是没有勇气去克服。看着周围的朋友有所长进，筱梦心里既羡慕又烦恼，暗自伤神。

在一次面试的实操环节，考官安排应聘者做同一项资料的整理工作。筱梦在接过考官递来的资料时，并未敢与对方四目相对。考核的结果，她的工作能力得到了考官的认可。当时，考官语重心长地对筱梦说了这样一番话："从面试之初，我就留意到你是个有心的女孩。这次的实操考核，文件很烦琐，你整理归纳得有条有理，且作了详细的分析。对于你的工作能力，我确实很欣赏，如果你能再自信一点，那就更好了。希望在以后的工作里，能看到你的蜕变和进步，加油吧。"

向来自卑怯懦的筱梦，顿时感觉身体里的血液沸腾。她没想到，自己竟然真的脱颖而出，被自己心仪的公司录用了。其实，自己的工作能力一直都不差，只是因为外貌的原因，太过于自卑了。她决定，要换一种方式生活。

此后的她，每天早起都会对着镜子露出一抹微笑，对自己说："你不差，你很棒。"在工作中，遇到问题她不再退缩，不怕被同事嘲笑，大大方方地向人请教，这让她进步飞快。公司有大型活动时，她都会主动报名参加，为的是锻炼自己的胆量和勇气。

两年之后，筱梦已经脱胎换骨，成了一位干练而优秀的职场女达人。她不会再在任何人面前羞怯地低着头，也不会再躲避任何人的目光，她那么坦然、那么自信，让人不禁开始欣赏她独特的魅力。当有人问及她成功的秘诀，筱梦笑笑说："接纳自己，欣赏自己，将所有的自卑全都抛到九霄云外。这就是我的秘诀！"

生活像是一杯开水，你注入自信，它就变成了高贵的葡萄酒；你注入自卑，它就变得混浊。不要对别人的自恋嗤之以鼻，殊不知，相较自卑而言，自恋有时也是增加幸福度的方式。特别是女人，更要懂得发现自己的美，正确地认识自己，理智地总结归纳，提高对自己的评价。

金无足赤，人无完人，女人不是因为美貌而可爱，而是因为可爱而美丽。如果你因为自己脸上有瑕疵而不敢露出灿烂的微笑；如果你因为手指不够修长而不肯与别人真诚地握手；如果你因为身材不佳而不敢翩翩起舞，那么你就会错过鲜花和掌声。阳光从来都在，只是你一直背对着它，才会看到阴影。内心充满自信，不完美的生活也会闪闪发光。

每个女人都有权利展现自己的美丽，甚至可以有一点点自恋，那是在为自己制造美好的氛围，让自己拨开乌云欣赏自己的美，塑造一种与众不同的态度。自恋的小情绪，也是一个自我鼓励的加油站，让女人对自己充满希望，走出狭小的视野，告别自怨自艾。

当你感叹自己外表平凡时，请记得为自己营造一份快乐的心情，修炼一份丰盈的内在，在举手投足间绽放从容优雅的姿态，在言谈之中显露内在丰富的魅力人格，让自己独特的气质和睿智的思想在那些漂亮女人中间熠熠生辉。这种不断进取、不断完善的行为，以及欣赏自我的姿态，是对生活的热爱、对美好的向往、对幸福的追求。

记住：风景不只是远处的好，美丽也不总是他人的。找到自己的闪光点，走出自己的一条美丽之路，领略自己的独特风景，活出轻松和自在，不被外界迷惑，不被自己打败。只有懂得欣赏自我的女人，才能得到上帝的眷顾。

静静地绽放自己的芬芳

仙人掌浑身都是刺，模样也不漂亮，鲜少被人所喜欢。在人们轻视的目光下，仙人掌有些承受不住了，它觉得自己根本就没有资格与人类在一起生活，于是悄悄地离开了人群，悲伤地躲进罕无人迹的热带沙漠。在沙漠里，它与残酷的环境做着斗争，渐渐地适应了那里的气候，并安心地住了下来。当其他杂草纷纷逃离沙漠的时候，它依然不肯离去。

和仙人掌一样，浑身长满刺的还有玫瑰，可它并不厌恶这一身刺，反倒觉得这是自己的独特之处，是一种凛然而不可侵犯的美丽。最初，人们对玫瑰的态度也是冷冷淡淡，并没有加以追捧，总觉得牡丹才是花中之王，大气富贵。玫瑰不介意，也没有怨恨自己的刺，而是努力寻找隐藏在自己身上的特殊之美。

后来，有人惊讶地发现，玫瑰的X线片上其实是没有刺的。或许，是因为它知道外表对自己而言并不是全部，所以当别人说它香气太浓郁、抱怨它长满刺而不敢靠近的时候，它没有暗自神伤和绝望，而是变得更加坚强，静静地绽放自己的光芒。

女人要成为更好的自我，就不能像仙人掌那样一味地逃避，不肯接受眼下平庸的自己；要像玫瑰那样，身上长满刺却依然傲立于花丛，要学会利用自己的特点，找寻自己的独特美丽，才是女人应有的生命姿态。

刚进入公司时，她坐在最不起眼的角落里，几乎没什么人在意她。确实，论姿色和能力，她都不是最出众的，只是每天按时上下班，本本分分地做好自己的事，不多言不多语。若有同事遇到麻烦，她也会默默地帮忙，但从不张扬。

影视公司的女同事占据了大多数，凑在一起少不了窃窃私语，聊聊最流行的服饰，说说哪个品牌的化妆品最好用，八卦一下谁又嫁了有钱的男人。闲来无事时，她也会“旁听”一下，却很少插嘴。

女人的世界里，有比较就会有心理失衡，有些年轻女孩会抱怨自己买不起高档护肤品，有些已婚女人则抱怨自己老公赚得太少，而她，似乎从来没有为这些事烦恼过。打开衣橱，几套简单却很有品质的基本款衣服，穿了几年却依然不过时；护肤品不是什么国际大品牌，但都是最适合自己皮肤的，每天晚上，她都敷面膜，东西不贵，贵在坚持。所以，与那些在脸上花费上万元的女同事相比，她的皮肤也不差。

或许，是因为她为人处世一直很平和，也很少出风头，在女同事眼里，她是很好相处的那一类型，大家也极少拿她开玩笑，或者在背后议论她什么。

公司因业务拓展，需要从内部提升一位女同事做助理，到新加坡总部学习一个月。对于这个难得的机会，公司上下的女人们都蠢蠢欲动，尤其是那些爱出风头的漂亮女子，恨不得用尽浑身解数在竞选中胜出。那段日子，办公室里表面上风平浪静，实则暗潮汹涌，人与人之间都多了一点隔阂和防备。

而她，依旧是老样子，不慌不忙。若不是公司要求办公室里的全体职员都参加竞选，她宁愿放弃这个机会。倒也不是不求上进，而是看到别人私下里为了拉票百般地讨好他人，实在是觉得痛苦。当有人找到她，求她支持时，她莞尔一笑，不答应也不拒绝。这种淡淡的态度，加之平日里低调的言行，没有谁拿她当竞争对手，这也在无形中让她避开了许多麻烦。

待到竞选那天，许多同事盛装出席，展示个人魅力和能力。她还是往日里的那一套衣服，不卑不亢地把自己对于助理职务的看法阐述了一遍，并对外出学习考察的计划以及目的、效用做了一份报告。她没有刻意哗众取宠的装扮和展示，却在艳丽的人群中发出了一抹淡淡的幽香，她的沉稳和淡定，让领导层刮目相看。

最后的结果令许多人意外：她获得了助理的职位。当领导宣布这一消息时，她也有些受宠若惊，似乎有点“无心插柳柳成荫”的意思。随之而来的，自然是闲言碎语，有人质疑她的能力，有人质疑她的品行，说她肯定是在背后用了什么手段才脱颖而出……总之，各种难听的话，如雨后春笋一般涌了出来。

她不去理会那些闲话，就像过去一样，安心地做着自己该做的事。这种不慌不躁的姿态，着实让那些对她颇有微词的人感到意外。从新加坡总部归来后，她学到了不少东西，领导对她也更为赏识。她呢？还是过去那般亲和，没有一点架子，平和地与同事相处，穿着打扮依旧简单大方，除了工作上比以前更忙碌一些，似乎一切都没有变。

半年后，所有关于她的流言蜚语都消失了。她用自己的工作能力、平和沉稳的姿态，赢得了所有同事的信服。与此同时，她也在不攀不比中，安静地绽放着自己的光华。

冬日里的腊梅，在温暖春日百花盛放的时候，从不去争艳；在炎炎夏日莲花散发幽香的时候，从不去斗芬芳；在瑟瑟秋日黄色雏菊笑靥如花的时候，从不去懊恼；在冬雪皑皑百花沉睡的时候，它才傲然自若地开放。凌寒独自开，不争不抢，用平和的姿态傲立雪中，可那顽强的生命力、骄傲的姿态，是它独特的美。

女人也该有腊梅的气质，坚信自己的美好，安心地过自己的生活。你若不是牡丹，就不必追求娇艳；你若不是蔷薇，就不必象征爱的誓言。你若只是小草，就展现顽强的生命；你若是一棵树，就散发出独立的气息。不与人相争，在安静中，不慌不忙地坚强，绽放芬芳。

接纳自己，拥抱自己

女网友梧桐在微博上如是写道：“总有人对我说，不要生气，不要自私，不要小心眼，不要太贪心，不要……有时，我觉得自己特别坏，坏得让自己都难以接受。因为，我经常会小心眼，无缘无故地发脾气，一不留神说错话，遇到喜欢的事物露出贪心。我觉得，想要做个完美的人，必须改掉这些‘缺点’，我也试着努力过，想尽办法克制自己的情绪和感受，但我觉得很不舒服。”此博文一发，立刻引来各种评论，许多人表示，这番话戳中了自己的心声。

受到是非黑白、善恶美丑观念的熏陶，我们往往都只记得“好人”“完美的人”“幸福的人”该具备的特质，也更乐于接纳和展示自身“好”的特质，比如热情、善良、诚实、勇敢、坚强。与此同时，也在极力掩饰和压抑那些“坏”的特质，如胆怯、贪婪、愤怒、自私、丑陋、轻浮、脆弱，不让别人发现。一旦偶然接触到自己的这些“坏”特质时，第一反应肯定是逃避，尽快地跟它们撇清关系。与此同时，生活又常常会给女人制造出一种假象：似乎，只有努力变得更“好”，才可能获得幸福。

白领YY说，当她看到那句话“形象价值百万，有了好形象才能为人所重视，收获更多的机会”时，便开始挑剔自己的形象，把许多不是因为形象而导致的问题也一并算到形象的身上，没有找到合适的工作，就认为是自己形象不好，不惜花费重金打扮自己，甚至还想过到医院去整形，以此换求职场前途。

全职妈妈小米说，总有人告诉她“脾气没了，福气就来了”，虽然她是个急性子，但现在几乎不对人发脾气，也不做任何自私的举动，甚至祈祷也是为了别人。这让她看起来变得美好、温婉了，可无奈的是，她的身体状况却不太好，内心压抑着好多事。

事实上，小米很清楚，她的不骄不躁、淡定如水，根本不是真正的内心平和；她的不生气，是装扮出来的大度，而非真的想通了。她的私心、欲望和愤怒受到的压抑太严重了，在潜意识里隐藏得太深了，以至于自己跟别人都没有意识到它们的存在。

两个不同的女人，道出了生活中的一种常态：随着年龄的增长，女人会发现，需要掩饰的东西似乎越来越多。可是，压抑和掩饰，不等于不存在。一旦自己的注意力稍微松懈的时候，那些不好的特质便会从潜意识里浮现出来。这就如同，为了掩饰心中的阴影，给自己戴上一层完美的面具，不让真实的想法流露出来，以此欺骗别人，也欺骗自己。慢慢地，也就习惯了这层面具，忘记了面具下面还有一个真实的自己。即便自己在生活中屡屡碰壁，可仍然压抑内心的暗示。

有些女人会选择闭上眼睛，堵住耳朵，拒绝接纳那个真实的自己，拒绝聆听真实的心声。殊不知，当自己刻意压抑那些不完美的时候，也压抑了与它们对立的那些优点。你的眼睛只看到了那些不好的东西，就感觉不到自己的美了，因为花费太多的精力和心思来掩饰自己的缺陷。纵然在某些事上展现出了好的特质，也不会为之感到荣耀。

刘茜不喜欢和朋友聚会，很实际的理由，她经济上有些拮据，不愿意花费额外的钱。有些时候，躲不过去了，也就只好硬着头皮去参加。待到埋单时，她还会抢着埋单，事实上她并不是心甘情愿，她所想的只是“如果我这样做，对方便不会认为我贪便宜和吝啬了”。

坦白说，很多女人都会掉进这个“如果”的陷阱里：“如果那样，我是不是就可以如何如何，解决什么样的问题……”可惜，不管什么样的幻想，终究都会在现实中破灭，到头来你会发现，其实你只是你，自私、暴躁、狭隘、小气依然存在，从哪方面看都不完美，只是它们并非你存在的常态，而是在某些特定的时刻才会显现出来。

当然，你根本用不着为此苦恼，因为只要是人，就必然会有阴影。你以为自己可以把阴暗面掩饰得天衣无缝，但那些被你刻意压抑的特质，总能找到机会显露出来，让周围的人看见。与其否定和掩饰自己内心的那些阴暗面，倒不如勇敢地承认和接纳，拥抱心灵的阴影，找回完整的自我，记住，是完整的自我，并非完美的自我。

这就意味着，你可以允许自己在适当的时候表现出私心和欲望，你可以允许自己存在人性的弱点，不必要苦苦地掩饰不完美的瑕疵缺陷，违背本真地过生活。如此，你便能够结束生活中的痛苦，不必再欺骗自己，欺骗整个世界。

承认和接纳完整的自我，意味着要平等地对待自己的每一项特质，既不刻意彰显，也不刻意压抑。完整应当是美与丑、善与恶、积极与消极的调和，唯有接纳心灵的阴影，才能得到它的馈赠，你觉得自己太软弱，那就努力找到软弱的对立面，让自己变得坚强；你被自卑困扰着，那就要在内心里寻找自信；你总被他人轻视，那就找到发生这种情况的根源。就像荣格告诉我们的那样，金子总是隐藏在暗处。唯有从容接纳黑暗的女人，才有资格享受光明。

只看重自己拥有的生活

多年前，一首名为《不要变》的歌中唱道：“不多看，不多听，只认定这份感情……”现如今，置身于浮躁气息日渐浓郁的环境里，或许，我们该把这首歌的词句换一下，不多看，不多听，只认定自己的幸福。

说来容易做来难。生活中的比较，似乎处处都在，不管是主动的还是被动的。有时，只要内心有那么一丝一毫的不淡定，就会扰乱平静的生活和幸福的步调。

一场同学聚会之后，安娜心里很不舒服。那个曾经很不起眼的女生，如今竟成了一家外企的中层，全然不是当年丑小鸭的模样，一套看起来很有型的裙装，一只质地精良的手包，着实让人刮目相看；那个长得不怎么样的胖丫头，竟嫁了一位大款，聚会结束的时候，安娜还准备去车站坐车，人家却大摇大摆地坐上了奔驰扬长而去……回家的路上，安娜想起平庸的丈夫、平凡的日子，顿时觉得很委屈，一种不幸的寒潮从她心头涌过。这种感觉，足足持续了半个月之久。

直到有一天，某女伴从外地过来办事，顺道去看望安娜。吃饭的时候，女伴突然心生感慨，对安娜说："别人都觉得我是女强人，事业不错，活得也挺潇洒。其实，我心里挺羡慕你的，有个一心一意对你的人，晚上回家的时候给你做好饭，烦了的时候给你当'出气筒'，累了的时候说两句安慰的话。"

《牛津格言》中有这样一句话："如果我们仅仅想获得幸福，那很容易实现。但我们希望比别人更幸福，就会感到很难实现，因为我们对于别人的幸福的想象总是超过实际情形。"其实，幸福不过是两个字，只有感觉到自己的"幸"，才能有"福"。安娜原本已经拥有了很多弥足珍贵的东西，只不过她把所有的目光都仰望着别人的生活，心里挤满了负累，自然就无法感受自己的幸福了。换而言之，并非生活让她不幸福，而是她不知该怎样生活。

世间万象，本来就没有绝对的对与错、好与坏。生活之路，每个女人都有自己的走法；对于价值的定义，也有自己的评判标准，或许大相径庭，或许殊途同归。但只要记住：幸福悄悄地围绕着每一个人，每个人享有幸福的机会是相同的，不同的只是对幸福的感悟。如果能怀着一颗平常心，安然地走自己的路，就很可能与幸福不期而遇。

还记得那则有关心安草的故事吗?

国王独自到花园中散步，却发现满园春色变成了一片荒凉，花园里所有的植物都枯萎了。随从告诉国王："橡树因为自己没有松树高大挺拔，轻生了；松树因为自己没有像葡萄一样可以结果的能力，也厌世而去了；葡萄羡慕桃树能开出美丽的花朵，而自己不能，也抑郁而终了；剩下的那些植物每天都无精打采的，唯一还存活的就是心安草。"

国王走到心安草的旁边，问："心安草，你身边的植物都枯萎了，为何你还如此乐观呢？"

小草说："国王陛下，我一点都不难过。因为我知道，您需要什么果树、鲜花都会派人去种植，我还知道您希望于我的就是让我做一棵心安草。"

花园中之所以变得一片荒凉，不是天公不作美，也不是园丁没有辛勤地打理，而是那些花草树木都陷入了烦恼的旋涡，它们满眼看到的都是他人身上的长处，而忽略了自己的美丽。小小的心安草，不羡慕松树的挺拔，也不羡慕丁香的芬芳，心安理得做一株小草，所以它没有烦恼、没有忧愁。其实，人生也如此。你觉得幸福了，那就是幸福的；如果觉得不幸了，那就是不幸福的。幸与不幸并不关乎环境，而关乎自己的心。

生活的差别无处不在，女人应当换一种思维模式来对待生活，不要用自己的弱项、劣势和人家的强项、优势进行比较，这样只会令自己身心疲惫；适当的时候俯下身去，把眼光放得低一点，多往下比一比，生活就会多一分满足，多一分快乐。即使要比，在比较过后也要心平气和地去看待问题、解决问题，而不是拿别人的优越折磨自己。

要知道，那些真正拥有"幸福能力"的女人，永远只看重自己拥有的生活，从不羡慕别人拥有的奢华。当看到别人拥有了自己没有的东西时，亦不会去攀比、去抱怨，而是悄悄地在心里告诉自己："其实，我也很好。"就在那一刻，她们往往会发现，其实自己真的很好。

不是最美丽，却是最美好

说起林徽因，多数人可能都会想到那句话：你是那人间的四月天。

她的美，不妖艳，不庸俗，而是一种大方、典雅和高贵的气质，那是经过岁月的打磨历练而成，是一种内在的修养散发出来的光芒。胡适先生说，她是中国的一代才女；冰心说，她很美丽，且有才气；文洁若说，她是天生丽质，超人的才智与后天高深的教育相得益彰。可以说，林徽因是一个令同性和异性都动容的女人。

放眼望去，尘世间太多美丽的女人，面容娇美、青春飞扬，可并非每个美丽的女人都能给人留下深刻的印象，那些令人为之震撼、回味无穷的女性，绝不仅仅是用外在的美博得众人的青睐，她们都有着深邃而灵动的内涵。

青霞是一个很好的女孩子，温柔善良，平时为人处世很不错，人缘极好。她有一个很爱她的老公和一个很懂事的孩子。她常常对别人说，自己很满足现在的生活，很爱很爱自己的家庭，她感觉很幸福。

有一天下班，她习惯性地逛街，打电话给自己的丈夫，问及下班时间，丈夫回道：可能晚一些。她独自在影院旁边走着的时候，发现一个身影与自己的丈夫一模一样，旁边还有一个女人。她怀疑是自己看错了，也没多想。

结果，几天后的一个晚上，她又一次发现了同样的情形。这次她看得清清楚楚，是自己的丈夫，旁边还带着一个很漂亮、很有气质的女人。她很生气，很想走上去给那个女人一巴掌，可她忍住了，没有那么做。

晚上，丈夫回来后，她什么也没有说，照例做好饭菜，和他聊天。十点多钟的夜幕，被街边的灯红酒绿照得闪闪发亮，她发现丈夫回来后没什么变化，而且还一直夸奖她，说最温馨的还是家。许多话被她咽回肚子里，欲哭无泪。

第二天早上，她早早起床，给自己化了一个满意的妆，丈夫笑着说："我记得今天好像不是结婚纪念日吧。"她只是笑笑，说："不是纪念日，就不能打扮自己了吗？"说完，径直出了家门。

几天之后，在附近的茶餐厅门口，她又看到了丈夫和那个女人的身影。他们有说有笑，看起来聊得还很投机。撞见了这一幕，她觉得很尴尬，想假装没看见，可是丈夫分明也看到了自己。她大大方方地迎了上去，笑着打招呼："没想到，在这里遇见了，来喝茶的吗？"丈夫的表情有点窘，但还是故作轻松地说："是啊，来喝茶。"她没有多说什么，寒暄了一番便离开了，也没有挑明彼此的关系。

离开的时候，她已经想好，晚上要尽心做好最后一顿饭，然后就和丈夫摊牌。晚上，丈夫回来了，嘴里哼着歌，并没有愧疚的表情。他笑着对她说："没想到，你还挺有修养的。今天我还真担心，你会大发雷霆呢！我没来得及告诉你，那个女人是我们公司的一个大客户，从香港过来的，要跟我们公司签一个大合同。如果能签下来，我就有望升职了。”

听到丈夫这么一说，她突然很想笑，笑自己胡思乱想。笑过之后，她又有些庆幸，如果当时不是自己控制了情绪，表现得落落大方，恐怕对丈夫的事业、对自己的家庭，都会造成不可想象的后果。吃饭的时候，丈夫悄悄地对她说：“今天你走了之后，我突然觉得，现在的你比年轻的时候更有味道了，是一种成熟的美。”

美丽的女人就像红酒，装在漂亮的高脚杯里，颜色亮丽，令人垂涎；美好的女人犹如浸泡在紫砂壶里的香茗，融入紫砂的茶杯里，色泽清淡，需要慢慢地品味才能感受到怡人的芳香。美丽的女人可以悦目，美好的女人却能慰心；美丽是外在的，流于形式，美好却是内在的，蕴含神韵。

一个女人若只是面容姣好、身材迷人，而胸无点墨、言语粗陋，她的美只能给感官留下短暂的惊鸿一瞥，终究会输给岁月，毕竟人生不可能只如初见。美好的女人却不一样，那是后天的磨砺、岁月的积淀，就像一本内容丰富的书，不会因为时光流逝而被人遗忘，只会令人回味无穷。

一位哲人说过：“任何外表的美，如果没有内在的气质加以修饰，那都是不完美的。”

美好的女人，有一颗高贵的内心，大方从容，面对风雨，仍微笑迎接、乐观面对，在迷茫时候给自己力量。美好的女人，永远活在真实的世界里，情感丰富又细腻，洞明凡尘，不虚伪、不做作，懂得微笑，懂得忍耐，懂得只有付出自己的真心和耐心，才能换来永久的归宿。

女人可以不美丽，却不能不美好。淡然的笑意、优雅的举止、良好的修养、大气的胸怀，这才是女人最长久的气质。唯有成为内外兼修的女人，才能成为一道赏心悦目的风景。

跟随自己的心作决定

女人生来有一颗敏感的心，很多时候都无法随心地做自己。尤其是在人生决策的岔路口上，总是跟随着别人的思想和话语走，不自觉地改变了自己。有时为了达到别人的某种评判标准，不惜埋没自己内心真实的想法和感受。

静怡在恋爱之事上，就遭遇了这样的困惑。她的男友是大学时认识的，两个人的兴趣爱好相近，话很投机，就走到了一起。大学的时光是很美妙的，只需享受青春和恋爱的美好即可，但走出象牙塔，一系列现实的问题接踵而来，爱情这件事也被附加了多重条件。

当她兴致勃勃地把男友介绍给家里人时，她本以为会得到多数人的认可，却不料等待她的是一连串的质疑和打击。平日说话就很直白的姨妈，在静怡送走男友后，连忙问："他一个月赚多少钱？能在这儿买房子吗？"其他的亲戚也说："是呀，你可要考虑清楚，爱情现在也是要讲究经济实惠的！"

静怡不愿听那些话，爱情若也要经济实惠，那和商品交易有什么区别？男友的月薪和自己加起来不算低，买房子凑个首付应该不成问题，但他们有自己的想法，希望趁年轻积累创业的资本，不愿被房贷束缚手脚。只是，有些话听得多了，也难免会心生烦恼。

一位表妹要结婚了，对方家境殷实，亲戚们的态度明显不一样。在婚宴上，静怡沉默寡言，细心的母亲看出了女儿的心思。回去的路上，母亲对静怡说："当年，我嫁给你爸爸的时候，情景就跟今天你看到的差不多。可谁又会想到，婚后没几年，家里的经济状况就不行了呢？你爸是娇生惯养长大的，什么家务都不会，被所有人视为嫁得好的我，其实过得比别人更辛苦。你和他都是有上进心和事业心的人，生活不一定非要先有什么、后有什么，你应当坚持自己的选择。至于别人怎么说，还是那句话，生活如人饮水，冷暖自知。"

在如此困惑的时候，听到母亲这番话，静怡的心一下子就不那么乱了。是啊，生活向来都是冷暖自知，别人的只言片语不过是一点提醒，根本无须多心，即便是恶意的批评，也用不着太在意。那些闲言碎语，刮过去就烟消云散了，若是在心里耿耿于怀，那便是把自己的人生堵在这一时的言语中了。

美国华裔心理学家黄维仁曾经说过："特别在意他人评价的人就像自愿当别人的傀儡，别人的一言一行、一颦一笑，就操纵了他的喜怒哀乐。这其实是内心缺少'主心骨'，缺少自我肯定的表现。"真正睿智而自信的人，从来不会为别人的看法埋单，他们深知：只有自己对自己的肯定，才是生命的重心。

莫言在获得诺贝尔文学奖后，各种评论声纷纷涌来。莫言很淡定地说："起初，我还以为大家争议的对象是我。渐渐地，我感到这个被争议的对象是一个与我毫不相关的人。我如同一个看戏人，看着众人的表演。我看到那个得奖人身上落满了花朵，也被掷上了石块、泼上了污水，我生怕他被打垮。但他微笑着从花朵和石块中钻出来，擦干净身上的脏水，坦然地站在一边。”

美国华尔街40号国际公司前总裁马修布拉，曾经是人们争相评论的焦点人物。有人问过他：“你是否对他人的批评很敏感？”马修布拉说：“早年，我对这些非常敏感，我力争使公司里的每一个人都认为我非常完美。要是他们不这样想的话，我就会感到忐忑不安，甚至很忧虑。只要有一个人对我有怨言，我就会想法子取悦他。可是，我做了讨好他的人，总会让另外一个人生气。等我想补偿这个人的时候，又会惹恼其他人。最后我发现，我越想主动地讨好取悦别人，就越会使我的敌人增加……”

生活就像是一本书，每个人都将用生命填满它的内容，而在那些空白的地方，难免会看到别人的评论。不要把闲言碎语当成自己生活的准则，最终能够如愿以偿成为理想中的自己、过上理想生活的女人，多数都是肯听从自己内心的声音，跟随来自灵魂深处的呼唤。你要学会坚守阵地，不畏世俗的目光，不介意是否有人欣赏，不惧怕别人的嘲讽，在别人或冷或暖的目光中，勇敢地做自己。

放弃讨好别人的念头

《被嫌弃的松子的一生》是日本作家山田宗树的一部小说，后被改编成电影。故事中的女主角松子，简直成了告诫和提醒女人要自尊自爱的典型。

故事里有这样一个情节：松子的妹妹因为常年卧病在床，父亲对她照顾有加，几乎把所有的心思都放在了那个生病的小女孩身上。松子不理解，她也希望能够得到父亲的爱。一次偶然的机会，她做了一个搞怪又搞笑的鬼脸，逗得父亲笑了。她试了几次，都很有效，自那以后，便把做鬼脸当成了自己的招牌动作，遇到可怕或难堪的事情时，就会做这样的动作。

长大以后，她依然刻意讨好着周围的人，在爱情里更是卑微。就算被男友大骂，每天提心吊胆地过日子，她也不肯离开，还在奉献着自己的爱。影片中说，她所给予的是“上帝之爱”，她所有的努力讨好，不过是不想一个人生活。可最后呢？没有人同情她、珍惜她，她在孤独与可怜中死去。

真希望每个女人都能从松子的人生悲剧里领悟到一些东西。也许，我们都不会有和松子一样的遭遇，可那种刻意讨好、用卑微的姿态博取他人好感的事情，在生活的细微角落里总能找到。也许，你希望对方可以成为你的知己，所以迁就着他的每种情绪；也许，你希冀着他人能赞美自己，违心地做着自己不喜欢的事，收敛着自己的真性情。可是结果，就跟松子一样，并不能让每个人都对你感到满意。

从小到大，受父母和环境的影响，她一直生活在纠结里。她已经记不清了，到底从什么时候开始，自己竟然不知何为快乐，每天只是为了讨好别人活着。只要别人能满意、能开心，她就会倾尽心力去做，哪怕是她讨厌的事。

结婚后，她依然是这样。为了孩子和丈夫，她不停地忙活，除了顺从就是受气，每天提心吊胆，生怕说错话、做错事，活得小心翼翼。老公若是开心，她就会长舒一口气；老公若是绷着脸，她就不敢大声言语。她像是一只木偶，麻木地活着。丈夫总是疏远她，孩子也不愿意和她多讲话。这样的日子，让她倍感压抑，自己付出了那么多，到底是为了谁？

绝望的时候，她在网上给一位心理医生留言说，她想死，了却这一生。

心理医生收到消息，马上打电话给她，说要跟她见面谈谈。

她没有拒绝。或许，她并不是真的想结束生命，她只是压抑了太久，希望有人理解。

在心理医生的开导下，她说出自己的成长经历。她父亲是个保守又严厉的人，不允许她出去玩，也不允许其他伙伴到家里找她，母亲每天小心翼翼地陪伴着，稍不留意就会招来打骂。她已经记不清楚自己挨过多少次打骂，只记得很多次她都在睡梦中被父亲的打骂声惊醒。父亲的坏脾气，让她慢慢学会了顺从，学会了隐藏，学会了讨好。

在别人面前，她很少讲话，只是尽力去做事。在学校里，唯有学习能给她一点安慰。老师和同学喜欢她，可很少有人知道，她为了让别人高兴，无数次地委屈了自己，明明做着不喜欢的事，却还要装出开心的样子。

大学毕业后，她依照父母的意思，相亲结婚。之后，就过起平淡的日子。起初，丈夫对她呵护有加，如今却疏远了自己。看到丈夫和孩子与自己不亲近，而别人一家三口其乐融融，她实在无法面对，活得越来越痛苦。

她说起，为了讨好别人做出过怎样的努力，为得到别人的认可怎样委屈自己，多么担心别人不喜欢自己，多么害怕遭到抛弃。

心理医生告诉她，正是这种心情和做法，让她在生活里受尽了折磨。她不懂什么是爱，也不知道怎么去爱，只是在努力讨好别人、博得好感。做这些事的时候，她已经失去了自己。为了遮掩自己的内心，刻意压制着各种情绪，外在和内在的自己不停地争斗，在自伤的同时也被亲人疏远。

多么悲哀的女人！为了讨好别人，承受着不必要的委屈和伤痛。

女人要跳出别人的视线，跳出别人的世界，当别人疏远自己的时候，认真考虑：究竟是自己的问题，还是他人的问题？有错的话就不要找借口逃避，没错的话就抬头挺胸做自己。你若只顾得讨好别人，连自己都没有了，你还如何有能力去照顾别人？

做事之前，想想是心甘情愿的，还是被迫勉强的？想想现在做了，日后会不会后悔？如果是真心想去做，那么自然会做得很好，彼此都快乐；如果自己并非出自真心，能够付出的也有限，那就不要强迫自己。就算有人说你不好，也不必太介意。

讨好别人，是一件没有意义的事。就算你再怎么努力，也总不能方方面面都让别人满意。与其如此，不如讨好自己。讨好自己，并不是教女人自私，而是学会“保护自己”。流言蜚语任他去，在心里设置一道隔音的墙，不让它扰乱自己的心智；烦躁压抑时，给自己找一个发泄的途径，买件礼物、享受美食，无不可以；受挫的时候，允许自己哭，允许自己闹，然后再好好安慰自己。做女人，这一辈子都要冷暖自知，唯有爱自己、讨好自己，才能培养出开朗自信的心境，坦然面对所有，不为外界的纷扰而痛哭流涕。

记住你是活给自己看的

日本京碧寺的山门有一块匾额，上面赫然写着四个字：第一义谛。这手迹是二百多年前洪川大师留下的，看起来简简单单的四个字，却是洪川大师反复写了八十五遍之后的杰作。

洪川大师向来注重完美，做事一丝不苟，弟子们也传承了他的作风。据说，洪川大师在写这四个字时，一位遂心求全的弟子恰好在旁边观摩。大师每写一幅字，他都摇摇头说不完美，不是撇写得短了，就是捺写得长了。无奈，大师只得不停地改。

眨眼间，半天的工夫过去了。洪川大师耐着性子一连写了八十四幅字，可没有一幅得到弟子的认可。后来，弟子去了厕所，洪川大师才算松了一口气，他想：终于不用再被那双挑剔的眼睛盯着了。在心无所羁的心境下，他自由地挥就了第八十五幅“第一义谛”。

弟子回来后，看到师父的字迹，大赞这幅字是精品。

洪川大师写不好字，是因为没有跟随自己的意愿走，心有旁骛，被别人牵引着。活在他人的目光里，心情无法平静，潜能发挥不出，这才是症结所在。退一步说，就连大师级的人物都难免被别人牵绊，更何况芸芸众生的普通人呢？

有太多心思敏感的女人，别人无意间的一句话、无意间的一个眼神、无意间的一个动作，都会让她的心荡起涟漪，久久不能平静。更有心思过重的女人，别人稍有不满的言辞，就让她在心里结了疙瘩，怎么也解不开，非要找个什么途径，证实自己不是别人所想的那样，才会觉得舒服一点。

或许，这是世俗和传统遗留下来的习惯，可如果真的想明白了，其实，大可不必这样。你的价值，不能由他人来评定和证实，不管在什么环境下，你坚信自己是对的、好的，那就行了。因为，无论别人怎样说你，你依然还得做自己，不是吗？生活是自己的，你有权利选择怎样的生活方式。按照自己喜欢的、舒适的方式生活，超脱心灵的枷锁，才是幸福的意义。

一位《华尔街日报》中文网的女主编，没房没车没爱情。她对同事说，像她这样的女人，若是生活在家乡，简直太失败了。没有房子，没有车，没有老公，也没有孩子，这么大的年纪了，似乎一无所有。可实际上呢？她觉得自己过得挺好的，所以也不在意别人怎么说、怎么看。

不少人羡慕她的洒脱，问及如何才能做到不受别人评价的左右，她说出了自己的五条原则。

第一条，把自己的思想言行和自我价值区分开。别人的评价，只不过是他们对事情的看法，并不是真理，也不是不可改变，认为对的就听，认为不对就一笑而过。对于那些企图支配自己的人，要坚持“你的意见跟我没关系”，不按照他人的感情确定自己的价值，也不去跟他们解释，或者做出反驳，有些事不说还好，越解释越纠缠不清，不必浪费时间。

第二条，不奢望别人理解自己。自己的许多做法，别人可能无法理解，但这没什么大不了，也不需要他们的理解。人的思想、修养、经历都不一样，不可能对别人的言行都能感同身受，如果每件事都要得到他人的理解之后再去做，那么人生的很多时光就已经错过了。更何况，就连我们自己也对很多人和事想不明白，可人家依然按照自己的方式活着。记住一句话，人不需要理解一切，也不可能理解一切。

第三条，不用过多征求别人的看法，相信自己的判断。许多事发生在你身上，而不是发生在别人身上，他们的看法不过是以他们的阅历和认知来判断的，根本不了解你的实际情况。或许，当他们置身于这些事里的时候，他们的做法是合适的；可放在你身上，就可能刚好相反。这就跟穿衣服是同样的道理，不同的身高、体重、气质，自然要选择而不同的衣服，要是穿上不适合自己的服装，就可能惹来嘲笑。如此，你会变得更加不相信自己。

第四条，不要怕被人批评。想要从别人的目光中逃离，就要做好批评甚至挨骂的准备。当你不理睬他人的评价时，对方可能会说你自以为是，狂妄自大，目中无人。不必生气，也不必难过，这是很正常的事。世界上，那些与众不同的人往往会遭受非议，而你不采纳对方的意见、不理睬他的评价，本身就在显示你的与众不同。

第五条，不要害怕被孤立。女人往往是害怕被孤立的，这意味着没有人理解支持，会感到无助。不过，真理有时就是站在少数人一边的，若因为认可自己行为的人少，就轻易地放弃，或者否定了自己，实在很可惜，也很不明智。不管你是少数还是多数，你认为对的，就该坚持，也值得坚持。

这五条原则，让她顺利地处理过许多复杂的情绪。起初是用这些话来提醒自己，慢慢地，就成了一种思维习惯和行事作风。她说，女人在自己的世界里，就该自己做主。其实，换个更简单的说法，想想自己是怎么评价别人的，自己心里的疙瘩也就容易解开了。

白岩松说：“行走在人群中，我们总是感觉有无数穿心掠肺的目光，有很多飞短流长的冷言，最终乱了心神，渐渐被缚于自己编织的一团乱麻中。其实你是活给自己看的，没有多少人能够把你留在心上。”亦舒在《忽而今夏》中说：“何必向不值得的人证明什么，活得更好乃是为你自己。”

是啊！何必在意他人的目光，你是活给自己看的；何须向不值得人证明什么，活得更好乃是为你自己。

Chapter 2

以温柔的姿态，对抗世间所有的强硬

你当柔软，且不失力量

她本是个诗人，写一手温软细腻的小诗，揉进江南的温润与安静里。她本来很穷却很幸福，在一个陌生的有着小桥流水的古镇里"流浪"着、执着着，追寻梦中美好的爱情，即使少有人来欣赏自己的作品。

无论身边多少烟雨繁华、多少痴情种子，总有那么一丝难以诉说的情思在拨动心弦，告诉她，那个人还在远方等待着，如教徒一般虔诚地信仰着三月桃花四月天，他们会有一场美丽的邂逅。

终于，她等到了传说中的一见钟情。一个阴雨即将放晴的美好午后，江南的青石板尽头传来缥缈的歌声，若即若离，她循着歌声追去，在美丽的小桥中央，见到了迎面而来的他。他那么阳光、那么灵秀，只有江南水乡才能孕育出那样的温婉清秀。四目相对的那一刻，她终于体会什么是一见钟情。

相识，相爱，很自然的过程，水到渠成，极度浪漫、饱含真情，她将感情渗入诗中，字字缠绵，拿给他看。他捧在手里并拥她入怀，在她耳边轻语："你真是个才女。"

她并不知道，他其实不懂诗。

三月，四月，五月，江南最美好的日子里，他和她的足迹遍布江南的大街小巷，她将手中的笔化为他口中的词，从他口中传出的音律迷倒了众生。欢快的歌词配上美妙的音乐，他仿佛一下子就走进了大家的视野，他终于不再寂寞，像蓄谋已久的种子，破土而出，他自己录的歌一夜之间红遍大街小巷，找他签约的公司很多，他不必再和她苦苦等待，也不必再过走遍大街小巷都卖不出一张CD的日子。

寂静的生活一下子变得热闹起来，他忍不住流连芸芸众生羡慕的繁华，忍不住出入各种高级场合，忍不住用大把的钱来装扮自己。他总是为自己的忍不住而感到惭愧，可又无法克制自己，看着依然朴素美丽如百合般的她，他对她说："我想去北京，想出人头地，想成就一番事业。"她看着满身名牌的他，摇摇头，没有哀求也没有挽留，任他选择，这是作为诗人的女人对爱情最初的信仰。

没有悲伤，没有悔恨，没有遗憾，道不同不相为谋，不是一个世界的人终究无缘。明知生活艰难却不愿往污浊更深处奔去，她不是傻，北京人才济济，倒不如待在这个安静的小镇。也许不会再相信一见钟情，却依然期待永恒的爱情。

她依然在古镇的大街小巷行走着，看过了无数身边的美景，一颗心在孤寂岁月里独放，和着江南轻柔的细雨，悠远绵长。时间证明她的选择是正确的，去了北京的他没能大红大紫，从此再没了他的消息。

爱情就在她失落的时候降临了。身体不适，不能再走很远的地方，在一个木屋装饰的咖啡馆里久坐，任午后焦灼的阳光打在身上，一张清晰的轮廓映入眼帘。她迟疑着抬起头，在日落的尽头，有夕阳的余晖在对面男孩的身上跳跃着。

这个美丽的午后，成为她第二段感情的开始。

他们相爱了，她依然毫不保留地将自己的诗幻化成他的歌，远远看着他在酒吧闪烁的灯光下明亮的眼睛，她有些许的不信任，和初恋一样的场景，她竟有些害怕失去。每晚凄迷的歌声，令她如痴如醉。那个简单的男孩，那个眼神总是忧郁的男孩，望着她的时候是深沉的、是温柔的，竟惹得她不忍离去。她选择相信，即使曾经有过相似的场景，即使往事还有痕迹。

身边总有传言，有说他与有钱的女老板好上了，也有说他和酒吧的服务生同居了，更有说他是个骗子，看着他真挚的眼神，她只是默默地支持他，一言不发，而他也只字未提。

两年后，他们结婚了，是个简单却很浪漫、朴素却很温馨的婚礼，在水上举行。船到桥心，她才知道他的故事：原来，他是被父亲逼婚逃离了家，家财万贯。他与未婚妻并无感情，只是家里的安排。他不愿亵渎心中的爱情，心甘情愿放弃优越的环境，在酒吧里唱歌，过平静安心的生活。那些故事，那些传言，那些被众口淹没的时刻，是她的聪慧保护了他，是她的理解与信任开导了他，是她的忍耐与宽容救了他，是她的魅力与安静征服了他。

他说："我愿意在你这里落脚，不再流浪，遇见你是我这辈子遇见最美好的事情。"

这样一个淡淡的女子，看起来柔柔弱弱，从不会疾声厉色地与人吵嚷，也不会哭哭啼啼地博人同情。她做好自己该做的事，从容地面对情感上的得与失，在柔弱的表象下，绽放的是一颗无比强大的心。

在充满变数的世界里，每个女人都要锤炼出一份坚强，修炼一颗强大的心。唯有如此，才能穿越感情的伤痛，经受住背叛的丑陋，不放弃对生活的希望，守住一辈子的幸福。

顺其自然才是完美

一个十三岁的小女孩，从小到大备受宠爱，是家长眼中的乖乖女。在学校，她的成绩一直名列前茅，可谓是老师和同学们眼中的宠儿。一次考试中，她因为迟到被老师狠狠地批评一顿，并取消了考试资格。从那以后，她的成绩一落千丈，也不与人说话，有时候还会莫名其妙地哭和傻笑。回到家里，她经常关在房间里不出来，偶尔还会玩“失踪”。这样的情况越来越严重，导致她无法将学业进行下去。

父母心疼孩子，又觉得不解，只好将其送进医院检查。这才知道，女孩是因为压力太大，得了严重的精神分裂症。父母和老师都痛心疾首，后悔不已。那位批评过她的老师，更是无言以对。她说，其实自己很喜欢那个小女孩，只不过那是一次联考，对她抱的期望很高，见她迟到就严厉地批评了她，希望她记住这次教训，没想到竟然会这样……

这样一个听话的孩子，她的思想里被灌输的都是鼓励和赞扬的话语，所有人都很喜欢她，她觉得自己应该处于一个令人时刻夸奖的地位。父母和老师对她苛求完美，而她也认为理所应当。突然间，老师意外地批评了她，她从心理上根本无法接受，以至于精神崩溃。

述说这件事，不过是想说，做人做事不必太苛求，对自己、对他人，都该给予一点包容和谅解。月有阴晴圆缺，人有悲欢离合，不完美的人生才有空间让我们继续改进。尤其是对自己，不要人为地背上各种各样的枷锁，也不要为了别人给自己贴上的标签，就委曲求全，为难自己。要知道，不管你怎么努力，也总会有做不到位的地方；不管你怎么小心，也总会有意外会发生。

某杂志曾刊登过一篇名为《顺其自然才完美》的文章，里面有一段令人感悟至深的话：

“做任何事，我们要尽力而为，但不能责己太苛、责人太过。只要顺其自然，就是最好的结果。金无足赤，不影响它的纯度；太阳有黑子，不影响它的灿烂；伟人有缺点，不影响他的高大形象。因为，所谓的十全十美，只是我们的美好愿望，而有温暖的阳光，有密布的阴云，有轻柔的微风，有明朗的月光，才是人生最真实而美丽的风景。”

生活就是如此，生活就该如此。洒脱一点，坦然地接受不完美的自己。

每个人都是上帝咬过的苹果，因为他不愿意把所有的好处都给一个人。可能，他给了你美貌，却咬掉了几分智慧；也可能，他给了你金钱，又咬掉了几分健康；还可能，他给了你天赋，却又咬掉了一些运气……所以，我们看到的自己总是不完美的，总是有缺陷的。但是，不完美不代表不美丽，不完美不代表一无是处。

台湾漫画家蔡志忠曾打过一个比喻，他说：“人生其实就像橘子一样，有些看上去很完美却淡而无味，有些看上去粗糙却滋味十足，你的人生就该是你自己的，因为只有你自己才能知道其中的味道！”

确实，人生就像橘子，有的橘子大而酸，有的橘子小而甜。如果只盯着不完美看，那么甭管拿到大的还是小的，都会抱怨；如果能用积极的态度看待，那么拿到小的会庆幸是甜的，拿到酸的也会开心是大的。

每个女人都该试着接纳自己的一切，将生命中的瑕疵和缺陷视为整体的一部分，用善意和宽容来看待，如此，便能够更加安心地对待自己。当你对某件事物感到恐惧和不自信时，不要假装“我不怕”，你可以坦然地面对这一现实并对自己说：“我心里有点担心，不过没关系。”当你萌生了贪婪、嫉妒的情绪，不要否认它们的存在，亦不要埋葬自己的感觉，你可以坦然地告诉自己：“每个人遇到类似的情形，可能都会如此，没关系。”

要知道，苛求美人美人丑，苛求智者智者愚。不要苛求别人，也不要苛求自己。玫瑰虽有刺，却拥有最浪漫的花朵。不要过分在意一些事情，顺其自然，保持最佳的心态，那么每一天都是快乐的。

有个记者某次去外地参加会议，在一个没有电梯的宾馆里，来回奔走四五次，记者感到浑身无力，双腿发麻。而同行的一位老太太，精神焕发，风风火火。记者与她闲谈，才知道原来她是这次会议的特邀嘉宾。记者抱怨宾馆没有电梯，问及老太太为何这么大年纪却还有很好的精神。老太太轻轻一笑说：“年轻人，对什么事情都要学会随缘。”

聊起自己的经历，老太太说：“我年轻时也想出名、被人敬仰，结果四处碰壁。从三十岁开始，我忽然间明白，自己想要的也不过是一碗饭和一个精神栖息的地方，就不再苛求自己了。我早上跑跑步，白天读读书，晚上写写字，与人无争，与己有求，不苛求、不偏激，吃得饱、睡得香。没过几年，我就出版了自己的第一部书，没想到，当初想要的那些东西，竟然全都来了。”

女人无论遇到什么事，只要不跟自己过不去，抱着一种顺其自然的心态，随缘自适，就不会有戾气，也不会消极厌世。人生苦短，没什么是完美的，若能乐观豁达，与己有求却不苛求，就是一种莫大的幸福。

最高贵的报复是宽容

有一个人在二十三岁时遭人陷害，身陷囹圄困顿九年，后来案情重审，冤情告破，他终于从监狱里获释，重获自由。他决定去找陷害他的那个人报仇。可是，就在他出狱的那一天，诬陷他的人却在享尽年华后，寿终正寝。从此之后的日子里，他对这份仇恨耿耿于怀。

数十年间，每逢遭遇苦难，他就旧恨复发，内心充斥着控诉与咒骂：“我的仇敌啊，你在我最灿烂的年华诬陷我，让我不明不白蒙受多年牢狱之灾，让我失去最最珍贵的自由，害得我在那个阴暗潮湿的监狱里受苦受难，冬天寒冷难忍，夏天蚊虫叮咬，九年的时间里，我很少见到阳光，终日阴郁难耐。是可忍，孰不可忍！可是，为什么上天不惩罚那个陷害我的家伙？为何不让他死于非命？即使将其千刀万剐，也难解我心头之恨啊！”

七十二岁那年，在贫困与病痛的折磨里，他命数将近，卧床不起。就在他弥留之际，家里请来寺里的和尚为他超度，并简要述说了他一生的经历。和尚来到他的床边：“施主，但可目空一切，忘掉世间的万象纷扰，抛却尘俗的百般纷争，随我佛西去极乐吧……”和尚话音未落，奄奄一息的他忽然回光返照，并声嘶力竭地叫喊起来：“我恨，我恨啊，我要诅咒，诅咒那个施与我不幸命运的可恶之人！”

和尚一惊，问道：“您受人陷害，监狱困了您多少年？”

他气愤地答道：“九年，人生最最美好的九年啊！”

和尚长叹一声：“我佛慈悲，为何不让我早点开释他？”然后对他说：“对于九年的牢狱之灾，我深感同情和难过，但是施主啊，他人陷害使你囚禁了九年，而当你走出牢狱，重获自由，你却用仇恨、抱怨、诅咒囚禁了自己整整四十年！”

人的心情就像一个钱包，情绪累积得多了，这个钱包就合不上了，再往里面放的话，要么钱包撕裂，要么情绪外泄。如果这个钱包里装的全是仇恨呢？那么仇恨自然也会外泄。仇恨的外泄，带给他人的或许是报复，带给自己的有可能就是毁灭。退一步说，纵然你能克制仇恨外泄，那么谁来替你受那份仇恨盈胸的煎熬与折磨呢？

从尘世走过，遭遇仇恨是难免的，没有爱恨不成世俗，没有好恶不成凡人。每个女人都是世俗的凡人，难免会有情绪失控和钻牛角尖的时候，为此就要学会克制、学会消解，不让旧恨旧恶膨胀到伤人害己的地步。

西德尼·史密斯说过：“生活中有许多这样的场合，你打算用忿恨去实现的目标，有可能由宽恕去实现。”以德报怨，无疑是高尚的行为，这需要很高的修为。如果要每一个平凡的女子都做到这样，未免有点不太实际，但若在遇到不爽快的事情时，能放下“以其人之道还治其人之身”的报复心，也算得上是优雅和宽容了。

莉莎在维也纳做过很多年的教师，“二战”的爆发让世界变得混乱，她只好逃亡到瑞典。当时的她身无分文，急需一份能养活自己的工作。由于她擅长几个国家的语言，她就想选择一家进出口贸易公司去做秘书。可是，多数公司都拒绝了她，还有一个人在信中回复说："你对我生意的理解完全是错误的，你既蠢又笨，我根本不需要任何人做我的秘书并代我写信。就算需要，也不会请你，你连瑞典文都写不好，信里全是错别字。"

这些带有侮辱性的字句映入莉莎的眼帘后，她气得简直要发疯了。那个瑞典人竟然说她不懂瑞典文，其实信上写满错别字的人，恰恰是他！莉莎想都没想，立刻提笔写了一封回信，以回击对方，言辞十分犀利。可是，写着写着她突然停了下来，对自己说："不能这么冲动，我怎么知道他说的没有道理呢？说不定，我真的犯了很多自己都不知道的错误。若真如此，我想要得到一份工作，就得继续提高。兴许，他还帮了我一个大忙呢！我要重写一封信，在信上感谢他一番。"

莉莎撕毁刚刚的那封骂人的信，重写了一封："非常感谢您在百忙中回信指出我的错误。我为弄错贵公司的业务感到很抱歉，之所以给您写信，是因为别人介绍您给我，说您是这一行的领导人物。我不知道自己的信上有很多错字，我感到很惭愧，也很难过。现在，我已经决心努力学习瑞典文，改正自己的错误，再次感谢您帮我走上进步之路。"

不久后，莉莎收到那位瑞典人的回信，他为莉莎提供了一份工作。

雨果说过："最高贵的复仇方式是宽容。宽容就像清凉的甘露，浇灌里干涸的心灵；宽容就像温暖的壁炉，温暖了冰冷麻木的心；宽容就像不熄的火把，点燃了冰山下将要熄灭的火种；宽容就像一支魔笛，把沉睡在黑暗中的人叫醒。"

报复如同一把双刃剑，在你报复别人的时候，也有一把剑在刺向自己。当一个女人的灵魂被报复驾驭时，她就失去了自控的能力，并给了对方制胜的力量。这种力量，会让自己感到寝食难安、魂不守舍、心情烦躁，甚至歇斯底里，彻底与美好绝缘。

细想一下，报复的目的是什么呢？无非就是想与冒犯自己的人“扯平”，仅此而已。可是别忘了，宽容地原谅别人的冒犯，本身就让你比冒犯者的品质更好。这种豁达是一种修养、一种气度，若说此举是优雅女人的作风，那么一心只想着报复就是小家子气了。但愿，你我此生都能宽容豁达一些，不会被偏执的报复心夺走美好和幸福。

把豁达修炼成本能

有个专横独裁的国王，下令要全国的百姓尊称他为英明神武的国王，以此来证明自己睿智、高贵的伟大形象。其实，人们都知道，他根本不是好君王，只是畏惧权威，没人敢言。

偶然的一天，沾沾自喜的国王发现，有个老人见到他之后，没有尊称他为英明神武的国王。国王不高兴，心里也很疑惑，就把老人叫过来追问原因。老人说：“我不肯尊称您为英明神武的国王，不是对您不尊敬，而是我觉得您并非这样的人，单凭您下的这一道命令，就足以证明了。”

老人的言语道出了事实，却也惹怒了国王。为了使老人屈服，国王下令将他关押起来，并且一天只准给他吃一顿饭。

一年过后，国王想起关押在大牢里的老人，便重新召见他，问他是否认识到错了。没想到，老人还是坚持自己的回答。于是，国王又下令将老人收押，只给面包和水充饥。

三年后，老人已经瘦得皮包骨头了，却依然不曾改变自己的看法。无奈之下，国王只好将他放回家中。老人走后，国王悄悄尾随其后，想看看他到底是个什么样的人，为何一直不肯改变自己的态度。

老人回到家里后，妻子和家人十分高兴。国王躲在暗处，看他们欢天喜地的模样，听他们之间的谈话。老人的妻子对国王深恶痛绝，憎恨国王因为一句不中听的话就虐待自己的老伴，把他关了四年，弄得一家人不能团聚。

国王没想到，老人竟然劝慰妻子说："其实，国王没那么坏，他照顾弱小、修建医院、完善法律、兴修水利，凡事以大局为重，保护国家安危。他是个不错的国王，只不过从来没有人在他面前说过违背他意愿的话而已。"

国王以为老人会对他恨之入骨，没想到，老人不但不憎恨他，反而还处处维护他。一时间，国王被感动了，也认识到了自己的狭隘。惭愧之余，他从暗处走出，对老人说："老人家，是我做了无法令人容忍的事情，你不怨恨我，还处处维护我、尊敬我。我为自己的做法向你道歉。"

老人笑笑对国王说："我刚才没有说谎，您确实是个英明神武的好国王。"

国王很吃惊，说："为什么你现在肯称呼我为英明神武的国王了？"

老人说："因为您现在懂得了宽恕，让我感受到了您的英明神武。"

人生于世难免会与别人磕磕碰碰，在这些磕磕碰碰里，有时是我们伤害了别人，有时是别人伤害了我们。当我们伤害了别人，如果别人能够给予宽容和原谅，我们的内心便能得到赎解，就能感知到一种被原谅的欣喜和快乐。人情可同，当别人伤害我们时，我们的宽容和原谅一样会带给对方同样的心灵体验。正所谓："一念慈祥，可以酝酿两间和气。”

一家高档餐厅的西北角，刚刚落座的一对母女，看起来宛若姐妹花。她们点了一份清蒸鲈鱼，不料年轻的侍者上菜时，盘子一斜，鱼汁泼洒在那位母亲的皮包上。她本能地跳了起来，布满阴霾的脸仿佛在酝酿一场暴风雨。

还未等她发作，女儿便站了起来，快步走到侍者身边，露出了友好的微笑，拍了拍她的肩膀说：“没事儿，回家洗洗就干净了，你去做事吧！”女侍者如同受了惊吓的小鹿，手足无措地看着皮包，连忙道歉，生怕得不到谅解。

母亲很生气，觉得女儿太客气了，好像做错事的人是她们一样。她瞪着女儿，想听听她的解释，就在这时，借助餐馆明亮的灯光，她竟发现女儿的眼睛里闪着一层薄薄的泪光。

“你怎么了？不舒服吗？”母亲问。

“没有。我只是在她身上，看到了自己的影子。”女儿平静地说。

母亲摇头不解，女儿沉默了片刻，才道出了自己的心声。

女孩在伦敦留学时，父母为了训练她的独立性，大学期间不让她回家，要她自行策划背包旅行，并尝试在英国做兼职的滋味。性格开朗的她，在家里什么苦都没吃过，粗工细活全轮不到她，可只身一人在陌生的伦敦，她却不得不选择做侍者来体验生活。

第一天上班，她就闯祸了。

她被分配到厨房清洗酒杯，那些透亮细致的高脚玻璃杯，一只只薄如蝉翼，只要稍微用力一点，都会变成碎片。女孩小心翼翼地刷洗着杯子，好不容易把那一大堆酒杯弄干净时，没想到脚下一滑，身子撞倒了杯子，一连串清脆的响声过后，酒杯全都化成了碎片。

“妈妈，那一刻我有种坠入地狱的感觉。可是，您知道领班对我做了什么吗？她不慌不忙地走了过来，搂住了我，说：‘你没事吧？’然后，又安排其他员工来打扫碎片。对我，她连一句责备的话也没说……还有一次，我不小心把葡萄酒倒在了顾客白色的裙子上，我以为她会大发雷霆，没想到她却反过来安慰我，说‘没关系，不难洗’，说完就静静地走进了洗手间，不张扬，不叫嚣，就像什么也没发生一样。”

尽管母亲一直希望女儿多多体验生活，但听到这些事时，心里还是不免有些心疼。最后，女儿看着母亲的皮包，说：“妈妈，既然别人能原谅我的过失，您就把犯错的女孩当成是您的女儿，原谅她吧！”

人与人之间总会有碰撞和摩擦，谁也不敢保证一辈子不会做错事，是笑着原谅，还是耿耿于怀，直接反映一个女人的见识与修养。当你能够放弃旧怨，理解他人的难处，把原谅修炼成一种本能时，你其实已经比很多人都上升了一个高度。

真正的高贵无须炫耀

女孩的家境很好，父母经商多年，积累了大量的财富。从小养尊处优的她，从某知名大学金融专业毕业后，通过父亲的关系，进入一家集团的财务部工作。

尽管是初出茅庐，但女孩在着装打扮上却像是一个资历深厚的金领：每天上班总是身着名牌套装，拎着爱马仕的皮包，珠光宝气地出现在办公室里，非常惹人注目，生怕别人漠视了她这个新人的存在。

有一次，她看见一位女同事的大衣下摆处破了一个小口，就不假思索地问："你的衣服坏了，为什么不再买一件呢？"一句话问得人家满脸尴尬，女同事只得解释说："噢，这件衣服是前几天不小心弄破的，但是不影响穿，扔掉怪可惜的，当初也是花了我半个月的工资呢！"女孩并不理解同事害怕浪费的心理，接着说："回头我给你两件吧，我有很多衣服穿一次就不喜欢了，而且每年都要买新的……"女同事表面应承着"好呀"，其实心里很不是滋味，感觉被伤了自尊。

年底，公司组织了庆祝会，年轻的同事聚在一起聊起了买房买车的问题，话语间都在抱怨房价太高买不起。女孩听后，不以为然地说：“看来，我还算幸运的哈！我家在市区有两套房子，郊区还有一栋别墅，不用操这份心啦！”同事面面相觑，有的干脆闭口不言，有的笑了笑没出声，但所有人的脸上都写满了不快和厌恶。

渐渐地，女孩发现同事们似乎都在刻意回避自己，态度也很冷漠。她不知道是什么原因，但也觉得在公司里如坐针毡，很不舒服。知女莫若父，看到女儿蔫头耷脑的样子，父亲跟她说：“别人不会无缘无故地疏远你，是不是你平时的表现让别人不舒服了？与人相处，不管你的条件多优越，都不要张扬炫耀，这样才不会引起别人的‘羡慕嫉妒恨’。”

女孩回想自己跟同事相处的情景，终于明白了症结所在。此后，再去公司时，她收起了自己的奢侈品，设身处地地去理解同事的言行，周围的人又开始慢慢地接纳了她。

亦舒在《圆舞》中说过：“真正有气质的淑女，从不炫耀她所拥有的一切，她不告诉别人她读过什么书、去过什么地方、有多少件衣裳、买过什么珠宝，因为她没有自卑感。”

富家女孩极力地在同事面前炫耀自己的家境，无疑也是在寻求一种存在感，生怕新人的身份会让她被人漠视。说到底，这其实也是骨子里的不自信。倘若内心有足够的底气，那她完全用不着大张旗鼓地彰显自己。

看过《流星花园》的朋友，一定对优雅美丽的藤堂静印象深刻。她家境优越，气质绝佳，但她从来都不曾夸耀自己，也没有摆出过颐指气使的架势。对待任何人，她都是和颜悦色的，她的惊人经历和美丽智慧，全是从别人口中说出来的。这不禁让人对这个素未谋面的女人充满期待，当她出场后，高贵典雅的气质更是吸引了众人的眼球，使人念念不忘。

我们可以假设一下：倘若藤堂静的美丽和气质不变，而出场时的她抬着高傲的头，说着尖刻的话，那么无论她长得如何漂亮，恐怕也难以得到优雅的赞誉，甚至会为人所不齿。这大概就是女作家杏林子所说的："昂首阔步、趾高气扬的人比比皆是，然而有资格骄傲却不骄傲的人，才是真正的高贵。"

身处心焦气躁的浮世繁华中，纵是才貌双全、完美无瑕、名利均有，也不能处处显示自己的优越。借助炫耀来展示自我，证明自己的能力和价值，实则是一种浅薄。珍珠的价值远不在于璀璨的外表，而在于深埋于水底，被河蚌慢慢包容的厚重度，以及无与伦比的恒久感。

同时，不去炫耀也是一种修养，这种修养源自同理心。站在他人的角度想一想，谁都需要一种被重视的感觉，当你在别人面前大肆地显摆自己的优势时，很容易让对方生出自卑感和压迫感，这种感觉会严重侵犯对方的自尊，让人不由得生出嫉恨。为了消除这种自卑感，对方就会对你产生一种敌对和排斥感，以此进行自我平衡。

没有尺度地炫耀自己，不会让你变得更受重视和欢迎，反而会让你在现实中举步维艰。想得到他人的认可和尊重，就要收起趾高气扬、不可一世的姿态，放下自以为高不可攀的学历、引以为荣的家庭背影、自以为是的身份，做一个不卑不亢、平和从容的女人。要知道，在浮华的尘世间，低调的沉稳远比高调的炫耀更能彰显内在的丰盛。

用欣赏的态度去生活

对于自己仰慕和崇拜的人，我们看到的往往是对方身上的闪光点；对那些不喜欢、看不惯的人，我们却习惯报以厌恶的目光，将其看得一无是处。然而，退回到客观的立场上，平心而论，那些人真的没有一点可取之处吗？或许，真正的问题出在我们的心里。

记得《飘》中有这样一句话：“假如你用挑剔的眼光看待这个世界，那么，你眼中将遍地荆棘。”大千世界本就形形色色，人与人之间总会有这样或那样的不同，即便是对同一件事物的理解也是参差有别，思想不同，处事风格也不一样，若是因此就以有色眼镜看人，未免有点太过狭隘了。真正有修养的女人，不会随随便便地看某一个人不顺眼，而是尽量用欣赏的眼光去发现每一个人身上的优点。

凌鑫是一家公司的市场部主管，已任职五年，对这份工作她一直兢兢业业，且跟周围人相处得也很融洽。直到半年前，公司策划部新来了一位同事卢诗诗，此女子名牌大学毕业，手拿双学位，一进公司就成了响当当的人物。也许是出于嫉妒，也许是卢诗诗的个性太强，很多同事都看不惯她的作风，包括凌鑫。然而，老板却很重视卢诗诗，没过多久就把她提升到了客户部做主管。从职位来上说，她跟凌鑫是平起平坐的，由于业务关系，两人还要经常合作，这让凌鑫心里很不舒服。

在共事的过程中，不知是故意还是怎的，卢诗诗总会给凌鑫的工作挑刺儿、找毛病，只要有一点儿小错误，她都要跟凌鑫说上好几遍。每次凌鑫漂亮地促成一笔订单时，卢诗诗却只会轻描淡写地说一句“辛苦了”，没有任何嘉奖之言。

凌鑫按捺不住性子，跑到老板那里投诉，说卢诗诗为人太苛刻，很难相处。老板并没有把这番话当回事，反倒劝凌鑫放下成见跟对方建立友谊，还说人品和工作是两码事，卢诗诗的工作能力很不错，有值得学习的地方。

得到这样的答复，凌鑫起初是不满意的，但她也清楚，自己还要继续在公司任职，就必须跟卢诗诗相处，总是这样的状态肯定不行。无论喜不喜欢，为了工作她都得摒弃偏见，跟对方携手共事。随后，她连续几次主动邀请卢诗诗一起吃午餐，这种友善政策貌似也起了效用。自从有了共进午餐的基础，卢诗诗给她挑刺儿的次数越来越少，还经常提醒她要注意的各种事项，遇到难推进的项目，两人也能够心平气和地坐下来商量。

尽管这种关系和朋友并不一样，但凌鑫明白，至少两人不会再产生什么摩擦了，置身于办公室中，这样的距离不远不近刚刚好。渐渐地，凌鑫还发现，卢诗诗虽然有点傲气，在为人处世上偶尔会不知深浅，但她对工作的那份认真、专注，的确令人敬佩。

欣赏是一种美德，欣赏自己不喜欢的人，是一种能力，也是一种智慧，更是一种处世之道。只有心胸豁达的女人，才能够理解和包容与自己对立的人，忘却彼此之间的摩擦与隔阂，并极力发现对方的美好之处。这样的思维方式和处事作风，一来可以缓和僵硬的人际关系，二来也能让自己的心情变得平静，不必终日将精力用在挑剔和埋怨上。某些时候，这份宽容和豁达，还可以感染他人的灵魂，成为美谈。

当年，作家林清玄还是一家报社记者的时候，曾报道过一则有关小偷的新闻。新闻中说，这个小偷作案手法细腻，虽犯案上千起，却从未被抓到过。林清玄在报道的最后，情不自禁地流露出了对那名小偷的欣赏：“那个小偷拥有如此细密的心思，拥有那么灵巧的手段，又那么斯文有气质，如果不去做小偷，从事任何一项职业想必都会大有成就。”

谁也没有想到，林清玄在二十多年前无心写下的这些赞美之词，竟然影响了一个青年的一生：当年那位惯偷，如今已是台湾地区几家羊肉连锁店的老板了。这位误入迷途的青年瞬间醒悟，恰恰是从看到报道的那一刻起，立志脱胎换骨，重新做人。在一次邂逅中，这位老板诚挚地邀请林清玄，他诚恳地说道：“老师，您当年写的那篇报道，打破了我生活的盲点，让我重新认识了自己。”

欣赏不只是表面上的简单赞美，更是一种能折射出一个人美好心灵的思维方式。正如培根所说：“欣赏者心中有朝霞、露珠和常年盛开的花朵，漠视者冰结心城、四海枯竭、丛山荒芜。”只有拥有春天般美丽心灵的人，才能够领悟到春天的美丽，纯洁的思想能让微小的行动变得高贵。

对喜欢的、不喜欢的人，都用欣赏的眼光去看待吧！透过对别人的宽容豁达，陶冶自己的情操，提升自己的修养。在审视他人的美好之时，让自己的心灵不断得到净化与调适。人生只有用欣赏的态度去品味，才能尝出应有的乐趣。

谁与你争论，放手让他赢

与人辩论、争强，或许有时能获得胜利，但这种胜利是空洞的，因为得不到对方的好感。

一个女孩在一家4S店做汽车推销员，最初的几个月里屡屡受挫。几乎每天都有顾客来看车，她苦口婆心地做推荐，对方却总觉得不满，有时说出来的话让人很难接受。也许是年轻气盛，每当这时，女孩就会跟顾客展开争论。伶牙俐齿的她在争论中赢过很多次，但遗憾的是，她一辆汽车也没卖出去。

试用期结束后，她主动找到经理，说：“您能不能帮我提升一下口才，我很着急，这么久了还没有出单。”经理是一个资深的业务员，从业十余年，在店里的销售记录一直很高，他跟女孩说：“我觉得，你的问题不在于‘不会说’，而是‘说得太多’。”

女孩听得云里雾里，心想：卖东西不就要靠嘴说吗？经理看出了她的困惑，列举了她在以往工作中的两个事例，进而解释道：“你应当学学如何保持拘谨，别再跟客户发生冲突。跟客户争论，对你有什么好处呢？”

经理的话让女孩茅塞顿开，之后再有顾客提出某车型的车不如其他品牌的车好时，她不再高声反驳，而是顺着对方的意思，大大方方地肯定顾客的观点，再把话题转回到自己推荐的车辆的优质性能上。就是这样一个小小的转变，让女孩的工作变得顺畅了许多，她不再每天气嘟嘟地抱怨顾客挑剔，而是懂得用真诚和委婉去赢得顾客的信任。

现实就是这样，与人大声争论无法给你带来任何的益处，就算你说的是对的，依然对改变对方的思想没有好处；可当你保持沉默，尽量不与对方发生冲突的时候，对方反而能够听进你的意见。正如卡耐基先生所言：“天下只有一种方法能得到争论的最大利益，那就是避免争论。”

喜好争论的女人，无论如何都难以给人留下优雅的印象，更难博得人的好感。不争论，少说一两句话，不代表软弱好欺，而是一种以退为进的气度。换而言之，即便你处处有理，可试图用激烈辩论的方式去得到对方的认可，终究是徒劳无功，只会让分歧越来越大。试着退一步，不但能维持良好的人际关系，还能彰显自己的优雅风度，且更易赢得他人的信服。

阿果是一家西饼店的店长，脸上总是挂着甜美的微笑，就像是西点橱窗里那温暖的灯光，让人看了就觉得温暖舒适。所以，不管是店员还是顾客，都很喜欢她。

某天傍晚，店里的一位客人大发雷霆，指责店员说：“你们店里的牛奶是坏的，我本想用它泡红茶的，现在这红茶也浪费了！你们这么做，是不是有点儿太不厚道了？”他的声音越说越大，引来了其他顾客的旁观，大家都在等着结果，看这家店的东西是不是真的有问题。一些正准备结账的顾客也犹豫起来，说需要考虑一下。

见情势糟糕，阿果连忙走到顾客跟前赔礼道歉，并吩咐店员给这位顾客换一杯新的红茶。新红茶很快就上来了，碟边放着新鲜的柠檬和牛奶，跟之前的一模一样。阿果轻轻地把茶放在顾客面前，小声地说："您好，希望您满意。不过，我想建议您一下，如果放柠檬，就不要加牛奶，因为有时候柠檬酸会造成牛奶结块。"

听了阿果的好心提醒，这位顾客的脸一下子红了，没再多说什么。这时，阿果给顾客们解释说："大家别担心，只是一场误会，店里的食品很安全，请大家放心购买。"

事后，店员跟阿果抱怨："明明是他（顾客）的错，态度还那么恶劣，凭什么还要对他那么客气？"阿果说："就是因为对方粗鲁，我们更要用委婉的方式对待。道理很明显，理不直的人，才用气壮来压人；理直的人，自然会心平气和。"

有些争论是没有意义的，输是输了，赢也是输了。如果阿果和店员当着众人的面，指责那位顾客把柠檬和牛奶都加到红茶中，犯了常识性的错误，无疑能占据理的上风。可这样的做法，除了让顾客自惭形秽，被伤害自卑，怨恨她们，还有其他的意义吗？就算他在尴尬和狼狈中离开，其他顾客又会怎么看呢？他们会不会想：如果某一天，这件事上发生在自己身上，受到的待遇会不会比眼前看到的更糟？

有句禅语说得好："恨无法让恨消除，只有爱才能让恨停止。"激烈的争论永远都不可能让误会消除，有修养的聪明女人，往往都靠技巧、协调和宽容，设身处地地思考对方的观点，绝不会要一个毫无实质意义的、表面上的胜利。所以，今后若有谁再与你争论，就放手让他赢吧！

知世故而不世故

芸芸众生的女子，就其心理年龄而言有三种：幼稚、成熟和世故。若以西瓜来比喻，那么幼稚的女人就像是生瓜，没有人会喜欢；成熟的女人像是甜美的熟瓜，人人都趋之若鹜；而世故的女人就像是熟透的西瓜，早已变了味道。

有这样一句话："成熟是一种迷人的美，它与世故格格不入。大凡把成熟和世故同日而语的人，一定是还没有跨进成熟的行列。"

许多时候，女人混淆了成熟与世故。以为成熟就是天真，结果连纯真的心也一并丢了；以为成熟就是精明，结果陷入了物欲的无底洞中；以为成熟就是伪装，结果把真诚化作了逢场作戏。自我感觉是成熟了，其实是变得世故了。

生活往往是这样，十年寒窗无人问，一举成名天下知。现在的他，已经在香港开了三次画展，可谓是业界年轻有为的画家。很少有人知道，七八年前的他，还是一个穷小子。

从美院毕业两年后，他一心想在绘画事业上闯出一条路，并辞掉了工作。当时，正和他交往的女友L得知他辞职的消息，跟他大吵一架，说他不成熟，说他就是异想天开。其实，他心里明白，L是嫌弃自己穷，给不了她房子、车子、面子，满足不了她在女友们面前的虚荣心。每每说起他，她就是长叹一口气，对朋友说："他就是一个不靠谱的文艺青年，我这辈子算是完了。"

再继续这段感情已经没有意义，她要的他暂时给不了，而她也不相信未来的他可以有什么大的改变。他们分开了，L和一个开着雅阁的男生在一起。

情场失意，事业失意，那算是他人生中最失落的阶段了。都说上天在给人关上一扇门的同时，也会给人开一扇窗。R的出现，就是最好的证明。和前女友相比，R确实不那么漂亮，可她自信。更重要的是，她爱他，支持他，并借助自己的关系和能力，帮他联系业务。

在浮华的年代，遇到一个愿意与自己同甘共苦的女子，实属不易。R属于那种很有定性的女人，她从不会向他要什么，也从不会说打击他的话，更不会拿他和谁谁谁去比。她忙着自己的事业，加班、出差、聚会，节奏和从前一样。她给他足够的空间去创作，也相信他的能力。

爱情是有魔力的，一个女人的鼓励对一个男人的成功，有着不可忽视的力量。后来，他被美国一家基金会看好，在国内成功地办了第一次个人画展。此时的R，依然如故，并未四处炫耀，还是像从前一样，做着自己该做的事，在他需要的时候，给他宽慰与支持。

就在这时，L回来了。她说，她后悔了，想跟他重新开始。的确，现在的他再不像从前了，他从一个没钱没名气的穷小子，摇身一变，成了英俊帅气的"艺术家"，还有不少仰慕他的女人追随。可他告诉L，自己有女朋友，他们不可能了。

L打听过R，也知道她的一切情况。她说："就为了那个女人吗？个子不高，长得也不漂亮，我哪里比不上她？我们之前是有感情基础的。当时，我父亲住院了，着急用钱，我是一时情急才做的决定。我真的希望你理解我……"

他说："别说了，那都是过去的事。我们真的不可能了。"

L向来高傲，说："你告诉我，你看上她什么了？"

他说："你们不是一类人，没有可比性。"

话说到此，识趣的L没有再继续问。她知道，再说下去的话，只是自讨其辱。"不是一类人"，是一个太明显的对比了。L离开的时候，心里也很难过，不仅是为了他的拒绝，还为了那个迷失的自我。她真的不知道，自己从什么时候开始，竟然变得那么世俗了。

女人要成熟，要知为人处世的道理，却不能世故。没有人喜欢世故的女人，那是烂掉的成熟，内里已经干枯，再无可取的美好。成熟的女人，该像R那样，不媚俗，不盲从，对爱人宽容、慈悲，有共同承担的勇气，有脚踏实地的心态，不为金钱而放弃感情，不为暂时的低迷人生而抱怨。

成熟的女人，懂得社会复杂，却不失真诚，对待陌生人，会给予微笑，但不会一下子推心置腹，如此既是尊重别人，也是尊重自己，待真正了解后，才会敞开心扉的交流。她们不会把自己的内心封闭起来，认为世间没有真诚可言，更不会在交往中虚于周旋。

成熟的女人，是有义气、有担当的，患难的时候绝不会置人于不顾，交往的时候也不会以利益当先。她们不会因为金钱权势去刻意讨好谁，也不会因为身份地位的不同而示以不同的脸色。

成熟的女人，会设身处地为人着想，不会咄咄逼人，但又有自己的主见，坚持内心的原则。她们从不会刻意伪装，在感性的人面前扮演林妹妹，在多疑的人面前故作深沉，在直率的人面前变得疾恶如仇。她们懂得，相互尊重不等于刻意逢迎。

成熟的女人，会笑对人生的磨难，悦纳生活的艰辛，把跌倒的地方当成起点，拍拍尘土淡定前行。她们从不会心怀怨怼，更不会因为自己曾经受过伤而变得冷漠，任心荒凉。

成熟是一种气质、一种美丽、一种心性，让人愿意靠近，让人能感受到温暖。女人要成熟，要懂得人情世故，却永远不要世故。

对不喜欢的事说「不」

有朋友向你借钱，态度极其恳切，且着实是遇到了难事，但你心里很清楚，这个人的品行和口碑不太好，如果真把钱借给他，很可能有去无回。可面对他近乎卑微的姿态，你会不会犯难，不知如何拒绝？

有熟人向你推销商品，你知道那产品并不太好用，买下了也是放在一旁扔着，纯属浪费。可平时你跟她的关系真的不错，你会不会发愁，不知该找个什么样的理由作为借口？又会不会担心，理由编造得太假，被对方看穿会影响日后的相处？

这样的情形，相信所有人都不会觉得陌生，若要继续补充的话，不知还会引出多少人的愁思。关于拒绝这件事，日本的一位教授总结道："央求人固然是一件难事，而当别人央求你，你又不得不拒绝的时候，亦是叫人头痛万分的。因为每一个人都有自尊心，希望得到别人的重视，同时我们也不希望别人不愉快，因而也就难说出拒绝的话了。"

不过，拒绝的话再难说出口，也不该成为委曲求全的理由。我们总在担心说“不”会伤害对方，会让自己不被欢迎，却忽略另一个重要的问题：不懂得拒绝别人，也是对自己的不尊重；把自己不喜欢、做不来的事应承下来，筋疲力尽之后弄得一塌糊涂，让对方的期待落空，才是破坏彼此关系的大敌。

卓别林大师曾劝解世人：“学会说‘不’吧，那样你的生活将会好得多。”

道理上是这样的，但付诸实践中，却总需要点儿技巧，才能达到理想的效果。直截了当地拒绝，非但起不到轻松生活的目的，还可能伤及对方的面子，认为你不够尊重他，进而产生不满情绪，严重的话还可能对你反唇相讥，给自己徒增麻烦和烦恼。同时，你的犀利之态还会给人留下刻薄的印象。

女孩琳一直是个急性子，在十七八岁时狠狠拒绝过一个男生：“你知不知道你很烦？我一看见你就讨厌！喜欢我？你还是省省吧，我这辈子都不会看上你的……”也许是年少轻狂，她只怕轻描淡写地拒绝会给对方留下虚无的希望，就选择了用莽撞和决绝的方式。

几年后，琳喜欢上了一个男生，经过四年的煎熬和反复的思量后，她终于忐忑不安地向对方表白了。对方的回答是小心翼翼的，可轻描淡写的言语还是给她脆弱的自尊带来了难以承受的伤害。她想起当初自己对别人粗暴而残忍的拒绝，顿时有一股愧疚涌上心头。一直以为自己给予别人的态度是对的，是为对方着想，不想被对方误解为欲拒还迎，却不曾料到自己的羞辱和指责，对他人是另一种残忍。

无意间的一次，琳听闺密说起拒绝一个男生的事。她问闺密：“你怎么跟他讲的？”闺密笑答：“知道你喜欢我，我很高兴。不是你不够好，只是我要的是白菜，你是萝卜。”

多么委婉而完美的回答啊！琳不禁对闺密的情商暗暗佩服，如果自己是被拒绝的一方，也会为这样体贴而善良的拒绝满怀感激。原来，拒绝也是可以如此温柔和优雅的。

多数人习惯把态度坚决和语气强硬联系在一起，仿佛不说得严厉和决绝一点儿，就无法达到拒绝的效果。其实，根本不是这样，看看那些优雅而灵动的女人，有哪一个会在人前脱口而出伤及对方自尊的话？而她们也从不曾失去自己的立场和主见。原因就在于，她们总在用温柔而委婉的方式，去明确地表达自己的态度。

一位朋友想请假外出经商，就来找某位女医生，希望对方给他开一个肝炎的病历和报告单。医院早已经多次明令禁止这种作假行为，一经查实定会严惩。女医生自然不愿“以身试法”，就委婉地把自己的难处讲给朋友听，暗示他如果自己帮了这个忙，就违反规定，而且会给彼此带来一些不必要的麻烦。最后朋友说：“我一时间没想那么多，听你这么一说，我也觉得办法不可行。”

有位女士在谈到婉拒的技巧时，说了这样一件事。曾经，一位男士对她说“欢迎你和我一同参加”，同时把音乐会的入场券递给她。这时，她很想拒绝他的邀请，于是从皮包里拿出了日记本，打开看了一下，说：“谢谢你的好意，不过已经有人事先约了我。”就这样，她非常委婉地拒绝了对方。还有一次，一位男士邀请她共进午餐，她回答说：“我很高兴受到你的邀请，但是可不可以顺道邀请某某呢？原来我们约好一起去购物的。”此话一出口，对方便知趣告退。

每个人都有爱面子的心理，纵然是在被人拒绝的时候，也希望保留自尊。情商高的女人深谙这一点，并在任何时候都会努力让人感到舒适，就算是拒绝别人，也会礼貌以待，温柔缓和，她们会尽可能多地使用敬语，让对方有一种“可能被拒绝”的预感，从而做好被拒绝的心理准备。在不伤害他人的情况下婉转地表达出自己的想法，这是每个优雅女人都要学会的生活智慧。

Chapter 3

心有格局的女人，从来不会输给情绪

冲动失控会丢掉优雅

不知从什么时候开始，很多年轻的女孩把情绪化当成了任性的理由，哪怕因情绪失控伤害了周围的人，也只是轻描淡写地说一句："女人多少都是会有点儿情绪化的。"听起来，似乎一切都不是自己的错，而是性别决定了这样的性情。

不可否认，在传统的印象中，多数女人都以柔弱、敏感、多思、爱哭的模样出现，但没有谁说过，女人可以随意向周围的人使性子、闹脾气。唯有不懂事的小孩，才会用这样的方式处理问题，一个完整的、有内涵的女人，其内心世界当是独立而强大的，须是能够理性地掌控自己的情绪的。到了该懂事的年纪，若还不能约束自己的言行举止，经不起任何的风吹草动，总想按照自己的意愿做事，盲目冲动不计后果，就是修养不足了。

外形甜美的女孩乔恩，中专毕业后被分配在一家大型超市的客户部工作。国庆节期间，超市活动比较多，顾客量比平时多了好几倍，结账的队伍排得长长的，服务台也是人满为患。有很多顾客对超市的服务不满，争相诉说他们的遭遇和困难。在这些投诉的顾客中，不乏一些蛮横无理之人，说话非常难听。

乔恩开始还耐着性子接待这些顾客，但随着顾客不满的声音越来越多，愤怒的情绪越来越大，有些顾客甚至把情绪转移到她身上，乔恩也渐渐变得不耐烦了。想起自己早上还被主管训斥了一通，心里本就窝着一团火，现在顾客又开始挑三拣四，她更觉得委屈和愤怒。

当听到一位顾客说“你们这公司哪儿有好人呀，全是认钱不认人”时，乔恩的火气噌地一下就冒了上来。面对顾客的谩骂，她觉得再不还击的话，简直就要崩溃了。接着，她就跟顾客对骂起来，伶牙俐齿的她嘴巴不停地指责顾客，说得对方哑口无言，只好拂袖离去。吵完后，乔恩觉得心里舒服多了，可她的这份工作也在吵闹中失去了。

事后，公司召开会议，提出要加强员工的个人修养和服务意识，乔恩的事给整个超市带来了极坏的负面影响，有些顾客直接投诉到总部，或是在网上发帖批评，指责超市整体的服务态度差，严重影响了超市的形象。

顾客的话是很难听，但乔恩的做法也实在不够理智。就算她不是超市的服务人员，一个女孩子在大庭广众之下与人谩骂，终究会让人觉得不舒服，至少会认为她没有修养。作为女人来说，仅靠年轻和美丽远远不能成为一个有魅力的女性，女人真正的魅力应当是由内而外散发出来的，且很大程度上取决于内心是否足够美好，是否可以驾驭自己的情绪和生活。只有那些能控制住自己、做事不冲动的女人，才能赢得他人的欣赏与信赖。

美国的国务卿希拉里，优雅得令人动容。她曾梦想成为美国总统，而社会上不断传来负面的语言，指责希拉里异想天开。面对指责，希拉里不但不计较，反而更加支持言论自由。希拉里的宽容与大度，使她获得了更多的拥护者。

想要做一个有魅力的女性，就要做到“攘外必先安内”。心灵是一切动力的来源，无论你此刻处于什么样的境地，都要好好修养自己，安抚好自己的情绪。千万别因一句指责或者一件小事，就丢掉难能可贵的优雅。心胸开阔一点，遇事淡定一点，女人因淡定而优雅，因优雅而高贵。

周末，陈小姐到单位处理点资料，刚坐下没多会儿就停电了。她心里想，肯定是后勤的管理员干的，就奔到楼下的管理室找对方。这时，管理员正若无其事地喝着水，见此情形，陈小姐就发怒了，不问缘由破口大骂，指责管理者玩忽职守，白拿单位的钱，一口气骂了半天，最后实在想不出该说什么了，才放慢了语速。

这时候，管理者站了起来，脸上露出善意的微笑，以一种镇定有自制力的柔和声调说道：“你今天看起来似乎有点激动？没事吧？”就这么不温不火的一句话，竟让陈小姐无言以对。

回到办公室后，陈小姐心里怎么都不踏实，想想自己说的话也觉得有些过分，言辞间透着对管理员的歧视和偏见，更何况，自己也没闹清楚究竟是什么问题导致的停电。她后悔自己太冲动，只因心情不好就不问青红皂白地乱骂人，也许从职位上来说，自己身为财务主管，属于中层，比普通的后勤员工在级别上高一点，可就刚刚那件事来说，管理员的表现俨然高出自己好几个层次。怎么想，她都觉得自己应该去道歉。

就在这时，她突然看到桌上的纸条：“陈姐，办公室的电卡我充了钱，但需要再插一下卡。昨天走得急，我忘了。你加班的话，麻烦自己插一下卡，不然会停电。”落款人是行政助理杉杉。事情的真相揭开了，果然是自己冤枉了管理员。

陈小姐又去找管理员，对方看到她，吃惊地问：“你还有什么事吗？”

陈小姐不好意思地说：“对不起，我是来跟你道歉的，我不该说那些话。”

管理员笑了，说：“我这个人忘性大，不记得你刚刚说什么了。我想，你可能也只是心情不好，想发泄发泄吧，并无恶意。”

陈小姐特别感动，这件事让她重新审视了自己，并暗自发誓：今后无论发生什么事，都不能冲动失控。一旦失去自制，另一个人——不管是目不识丁，还是教养深厚，都能轻易地将自己打败。自制不仅是一种能力，更是一种修养。

所以，不要总是把自制力差说成是情绪化，一个人的忍耐力和修养都是可以培养和提升的。调整心态，不让情绪成为主宰，少一点冲动和鲁莽，对丈夫温柔体贴，对孩子开明教育，对老人理解尊重，这些力所能及的事，并不需要太多的技巧，只需一颗温润的心。正是这些细小的行为，构成了优雅美好的性情，让平凡的女人变得熠熠生辉。

不做情绪的女仆人

正午时分，骆驼在沙漠里跋涉，太阳像一个巨大的火球，晒得它又渴又饿。焦躁万分的骆驼，心里有一股莫名之火，不知该往哪儿发泄。

就在这时，一块玻璃碎片硌了骆驼的脚掌，气急败坏之下，骆驼抬起脚狠狠地将碎片踢了出去，却不小心把脚掌划开了一道深深的口子，鲜红的血液顿时染红了沙粒。

骆驼心里很恼火，一瘸一拐地走着，沿路的血迹引来了空中的秃鹫，它们在骆驼上方的天空盘旋着。骆驼心里一惊，不顾伤势开始狂奔，在沙漠上留下一条长长的血迹。跑到沙漠边缘时，浓烈的血腥味引来了附近的狼，精疲力竭外加流血过多，骆驼显得很无助，完全像一只无头苍蝇那样，东奔西突，仓皇中跑到了一处食人蚁的巢穴附近。很快，食人蚁闻到了血腥味儿，倾巢而出，黑压压地向骆驼扑了过去。

仿佛就在一瞬之间，骆驼就像被一块黑色的毯子包裹了一样。

很快，骆驼就鲜血淋漓地倒在地上了。奄奄一息时，它追悔莫及地哀叹：“我为什么要跟一块小小的碎玻璃生气呢？”

这则故事，源自网络上的一则漫画——骆驼之死的启示。

看过后，也许你会发现，它不只是一个故事，反倒更像现实中某些片段的缩影。生活的路，就如同那广阔无垠的沙漠，会有难以忍受的日晒，会有偶尔绊脚的碎玻璃，绝非一片坦途。敏感脆弱的女人，在遇到不愉快的事时，习惯性地情绪爆发，只顾着眼前的发泄，却未曾想过歇斯底里会把自己推向怎样的深渊。

死撑到月底，终于挨到了发工资的日子。只是，L内心的喜悦还未完全释放，就被工资单给浇熄了。她思前想后也没明白，为何工资会少了100块钱。鉴于自己是公司的老员工，35岁的年纪在那儿摆着，她实在不好意思为了这点钱去质问老板。

自认倒霉吧，可心里实在不痛快。L虽未直接把事情说出来，阴暗的脸色却告诉了所有人，她今天很不爽，随时都有可能“火山爆发”。下班时间一到，L就迫不及待地往外走，一分钟也不想待在办公室里。也许是走得太急了，她刚一出门，就跟老板撞了个满怀，局面有多尴尬，可想而知。老板撇了撇嘴说：“这么大的人了，怎么还毛毛躁躁的？”跟老板道了歉，她失魂落魄地上了电梯。

骑车回去的路上，她还在想刚刚的一幕，又是愤怒，又是担忧。愤怒的是，自己兢兢业业，恪守本职，老板竟然扣了她100块钱；担忧的是，刚刚自己如此鲁莽，老板会不会看出自己的心思，今后给自己“找麻烦”？

下班路上车水马龙，路人也是行色匆匆。L正走神呢，只听见“哎呀”一声，电动车前面摔倒了一个人，她自己也栽倒在路边。忍着疼痛爬起来，L才意识到自己撞了人，幸好对方是个讲道理的人，没有胡搅蛮缠，身体也无大碍。看着对方被刮破的衣服，L只得从钱包里掏出200块钱，作为一点赔偿。

好不容易到了家，L已是筋疲力尽，身心俱疲。往日的她欢快得像只鹦鹉，见她今天这般失魂落魄，丈夫也猜出了大概，问："怎么了？像丢了魂儿一样？"L正愁一肚子火没处发，见丈夫嬉皮笑脸的样子，内心的小火山腾空而起："你别招我，我今天倒霉透了，心里不舒服！"

"你不是经常心里不舒服吗？又不是头一回了！"丈夫根本不以为意，直到看见她衣服上的脏迹，才紧张起来，问："你摔着了？有没有摔坏？让我看看。"也许是心里太委屈了，听到这么关切的话，L忍不住掉了眼泪，把今天发生的事一股脑儿全说了出来。

丈夫一边递来纸巾，一边安慰："想开点儿，你没受伤就是最大的万幸了。以前也提醒过你，别动不动就闹情绪，有些事根本不值得去生气，更不值得一直耿耿于怀。想想看，那100块钱算什么呢？也许是算错账了，没把你的加班费计入……就算真的是扣了你的工资，那也没什么大不了，何至于为了这点钱苦思冥想，在大街上走神，连命都不要了？今天还算幸运，今天不管是把人家撞坏了，还是把你摔坏了，都是大事，远比那100块钱重要得多。"

L一声不吭，听丈夫说着，觉得自己是有点小题大做了。晚上，登录社保网查询资料的时候，她突然想起来：今年的社保基数调整了，就从这个月开始，从工资里扣除的100块钱，实则是自己缴纳社保了。更惭愧的是，老板把余下的零头也从公司账户里垫了，她却以小人之心度君子之腹。

想到这儿，她惊出一身冷汗：如果今天自己没控制住情绪，跑去质问老板，那情景该有多尴尬啊？工作能否继续做下去暂且不说，就单单在个人修养与素质上，就会遭人鄙夷。这件事也给她提了一个醒，不管什么时候，都要收敛自己的小情绪。看似不起眼的"爆发”，有时引来的就是一场灾难，而这样的灾难其实完全是可以避免的。

美国作家罗伯·怀特说过：“任何时候，一个人都不应该做自己情绪的奴隶，不应该使一切行动都受制于自己的情绪，而应该反过来控制情绪。无论境况多么糟糕，你要努力去支配你的环境，把自己从黑暗中拯救出来。”

强大对于女人而言，不一定是要有多么轰轰烈烈的举动，有时看似不起眼却要长期坚持下来的事，才是最考验意志力的。随意地跟着情绪走，乱发脾气，那是人的本能，而能够巧妙地控制脾气，时刻彰显出内涵与修养，才是本事。所以，千万别让小情绪搅乱了整个人生。

生气时不作任何决定

二十年前，经人介绍，她认识了现在的丈夫。那个年代的年轻人，眼睛里的爱情和婚姻都是单纯的，没有太多附加的条件，也就是见了三四次面，彼此都觉得还算满意，就直接谈婚论嫁了。整个过程，没有一见钟情，没有玫瑰鲜花，没有心潮涌动，一切都很自然，之后就平平淡淡地组建了一个小家。

刚结婚那会儿，丈夫没有正式的工作，家境也很一般。好在，他是个上进肯学的人，在外与人相处也是八面玲珑，婚后一年他就跟朋友去了外地。起初是在建筑工地做小工，渐渐地开始自己承包活，做包工头，后来生意多了，他就开了一家建筑公司。事业发展得极好，他也忙得顾不上回家，后来干脆就把她和孩子接到外地，买了一套房子，安了家。

为了做生意，他应酬的时间越来越多，经常出入歌厅、洗浴中心、酒吧，过去从来不碰酒的他，现在总是喝得酩酊大醉。作为枕边人，她自然也意识到了丈夫的变化，心平气和地跟他谈了一次，他说自己不过是逢场作戏，为了生意，为了一家人的生计，不得不陪着客户，许多事不是出于本意，真的只是照顾客户的需求。她不是固执死板的女人，也知道丈夫每次都是因为陪客户才会喝醉，也就没再多说什么。

俗话说："常在河边走，哪有不湿鞋？"次数多了，他开始慢慢变得享受起来。从前，他一文不名，如今却可以在赌场里轻松地拿出几万块钱做筹码，一掷千金的豪气，惹来同性的唏嘘和年轻女孩的崇拜，她们会嗲声嗲气地叫他一声"哥"。从灯红酒绿的花花世界里走出来，回到平凡的生活中，再见到平凡的她，他有些厌倦了。于是，他开始夜不归宿。

对丈夫的行为，她心里压抑着愤怒和难过，可除了吵闹几句之外，也没什么更好的办法。原来，她在家乡的厂里上班，可搬家到这里之后，她已经做了近十年的全职太太，完全与社会脱节的她，平生第一次体会到了别人说的，独立是女人的灵魂。如今的她，不知离开丈夫后该如何生存，也没有了年轻时的勇气，无奈之下，只好忍气吞声。

丈夫在外面拈花惹草，却没有一个固定的女人，也没有对她提出什么要求。外面的世界再精彩，他心里还是惦念着这个家。对她而言，这也许是最后的一点安慰了。她希望，她的忍让和包容可以让他迷途知返，却不料，换来的是他的变本加厉。

丈夫在外面结识了一个二十出头的年轻女孩，还给她在闹市区开了一家小店。她以为，这一次丈夫也不过是逢场作戏，累了倦了就会回家，回到她和孩子身边。事实证明，她想错了。

那天晚上，她正在客厅里看电视，丈夫沉默了片刻，突然说道："咱们离婚吧。"他表情严肃，并非像是玩笑话。她愣了一下，脑子里闪出的第一个念头是：这么大年纪了，离婚？难道他想把那个女孩子娶进家门？她心里有个强烈的声音在抗议，她不想离婚。

果然，丈夫坦白告诉她，他就是爱上了那个年轻女孩，想跟她结婚。

她问：“你有多爱她？”

他说：“很爱，和她在一起，我感觉整个人的状态都变了。”

她没有再问，也没有歇斯底里地闹。她知道，这个时候，说得越多，便会将自己伤得越深，与其如此，倒不如给自己留点颜面。看着他期待答案的眼神，她轻轻地说了一句：“让我考虑考虑。”她感觉到，他的眼神里有一阵欣喜。

之后，她去了那女孩开的店。女孩皮肤白皙，笑起来有一对浅浅的酒窝，确实漂亮。当她告诉女孩，她是他的妻子时，女孩一脸不屑，轻笑着说：“他不爱你。”

离开小店时，她的心情很乱。她想不明白，丈夫为何会爱上一个如此浅薄的女孩，竟然还愿意为了她抛弃妻子。走得累了，她在桥边静坐。想起自己，也曾年轻漂亮过，也曾深深地吸引过他。她和刚才那个女孩，只是隔了二十年的岁月，却被贴上了新欢与旧爱的标签。现在的自己，就像影视剧里说的“黄脸婆”一样，啰啰唆唆，不让他抽烟，不让他喝酒，不让他赌博；过问他每一笔开销，买衣服货比三家。她这么做的初衷是因为爱，现在却已经成为他的包袱。想到这些，她泪如泉涌。

三天以后，她在离婚协议书上签了字。手续还没来得及去办，她就回了娘家，想自己静一静。临走前，她望着房间里的一桌一椅，揪心的疼。她给丈夫写了一封信：

“从此以后，我不再是你的黄脸婆，不再是你的佣人；我不必再花时间给你熨烫衣服，搭配领带，我想打扮一下自己；我不必再每天等你回家，为你在路上的安全提心吊胆，我想睡个安稳觉；我不必再担心你抽烟伤了肺，喝酒伤了肝，我想花点时间去旅行；我不必再操心你家的亲戚谁要做寿，谁要嫁娶，我想多照顾一下我的父母。

“我没有年轻过吗？我没有单纯过吗？你送我的每件东西，我都视如珍宝。我很爱你，可是婚姻包含着许多责任，我不可能全心全意地专注于你，我得照顾公婆、照顾孩子。所以，当另一个女人全心全意地拿出她炽热的爱来袭击我的幸福时，我无以抵挡。离婚，对我来说，也许是一件好事。

“你说你很爱她，那么等你们在一起生活几年之后，再看看那时的情形吧！看看你是不是还像现在这样激情澎湃。她现在能给你的，都是我曾经给过你的。等你折腾够了，也许会发现，你不过是把我们走过的路又重复走了一遍。”

一个月后，他打电话给她，告诉她孩子的近况和公司的一些事情。她平静地提出，要去民政局办手续，他沉默片刻之后，终于开口：“回来吧。对不起，以后我们好好过日子。”

最终，他们没有离婚，那个女孩也退出了。她很庆幸，当初没有歇斯底里地和他大闹一番，而是静静地选择了冷处理。

许多事都是如此，冲动、愤怒于事无补，原本可以挽回的局面，也可能因为情绪过热而一败涂地。受了委屈，遇到突发事件，迷茫不知所措的时候，收敛起火暴焦急的脾气，给自己一点时间，给对方一点时间。

当被冲动冲昏的头脑慢慢冷却下来后，一切都会呈现出最真实的样子。待到那时，无论去或留、走或停，作出的决定都是最理智的，不至于在日后回首时，悔恨遗憾。

抚平莫名所以的焦虑

电影《蒂凡尼的早餐》有一处情节，作者借助女主角之口，娓娓道出了女人内心深处普遍存在的一种情愫：“焦虑是一种折磨人的情绪，焦虑令你恐慌，令你不知所措，令你手心冒汗。有时候，连你自己都不知道焦虑从何而来，只是隐约觉得什么事都不顺心，到底是因为什么呢？却又说不出来。”

贾宝玉说，女儿是水做的骨肉。柔情似水，多愁善感，仿佛是女人与生俱来的一种特质。和男人相比，女人在对待工作、生活和情感时，往往会不知不觉陷入忧虑的状态中，一颗心像悬浮在空中，没着没落，突然想到未来、想到没有发生的事，也会感到莫名的恐惧。偶尔，他人一句不经意的话，路边偶见的一个场景，都可能让她的情绪顿时从晴到多云，甚至掀起一场狂风骤雨。

心理学家坦言，多数女人觉得不幸福，主要原因就是生性爱担忧、焦虑，惶惶不可终日。当然，有些焦虑事出有因，比如感情受挫、经济危机、工作不顺，等等。但是，更多的时候，女人的担忧都是自己臆想出来的，不过是杞人忧天。在那些“假想敌”的面前，不知如何应对，也不知如何解决，就深陷在泥潭中难以自拔。

林可儿是个谨小慎微的女人，读大学时没有旷过一次课，上班后也从不敢怠慢每一项工作。常有人赞叹她认真、有责任心，她心里明白，这不过是真相的一部分。有许多心事，她从未开口向谁说过，她不知该如何告诉别人，其实自己是一个经不起事的人，一点儿风吹草动就乱了分寸，寝食不安，所以她才会循规蹈矩、按部就班。

某个周五，临近下班的时候，经理在网上跟她说了一句：“下班后到我办公室来一趟。”看到这句话时，她的头嗡的一下，瞬间一片空白，随之而来的，是忐忑不安。她很害怕，心想：“是不是我做错了什么事？难道是要开除我？”她越想越焦虑，甚至有一种干呕的感觉。那一小时里，她几乎没做什么工作，手指头都变得冰凉了。

终于熬到了下班，周围的同事陆续都走了。她做了一次深呼吸，鼓起勇气敲响了经理办公室的门。只见，经理笑脸相迎，和颜悦色地告诉她：“这次你写的产品报告很好，客户非常满意。按照公司的规定，每次项目通过后都有奖励……”原来，经理留下她，是为了发奖金，她却因为胡思乱想，折磨了自己一个多小时，实在有点儿庸人自扰。

一位气质干练的职场女达人，每天笑脸盈盈、做事麻利，似乎没什么事可以难倒她。可就在一年前，她还曾因为焦虑一脸憔悴地走进医院的诊室。

当时，她还是公司里的小文员，不怎么起眼。恰好，行政部空出了一个助理的职位，公司打算从内部提升。为了争取那个机会，她拼命地工作，经常加班熬夜。忙碌的工作加上心理上的压力，让她每天夜里辗转反侧，心绪不宁，有时梦里都是工作的事。早上起来，头晕脑涨，身体也轻飘飘的，根本无法集中精力做事，总想着晚上回去早点睡，可躺到床上之后，睡意全无。这种情况，持续了整整两个月，终于把她逼到了崩溃的边缘。

医生倒也很坦白，直接对她说："你精神压力太大，我只能给你开一些缓解精神紧张的药，其他的只能靠你自己了。你的失眠是因为心理上的问题，什么时候不焦虑了，也就好了。每天晚上睡觉前，最好什么都不要想。哪怕睡不着也没关系，不要去想它，也不要强迫自己非要睡着。工作的事，只要尽力就行了，也不能强迫自己背负太多东西。"

配合药物治疗和自我放松的心理暗示，一个月后，她的失眠症痊愈了。反思患失眠症的这段经历，她恍然明白：其实失眠不是最可怕的，最可怕的是心里的忧虑。

自那以后，她不再刻意给自己增加压力，在自己能够承受的范围内做好自己该做的事，其他的不去多想。放下了心理上的负担和情绪上的焦虑，多了一份"但行好事，莫问前程"的洒脱，许多事情也变得不复杂了。从容地走过几个春秋，没有苛求什么，没有患得患失，曾经憧憬的那些东西，却都一一得到了。

焦虑不总是错的，从某种意义上来讲，它其实是一种自我保护意识。在焦虑中，女人可以避免莽撞和冲动的言行，能够减少危机、消除风险。但若焦虑愈演愈烈，甚至影响了正常的生活，那就得多加注意了。

你可以把让自己焦虑的事情都写下来，然后逐一地去想，该怎么解决掉这个问题，知道有办法处理，心里的压力就会小很多。如果是无法改变的事，就要学着淡定、学着看开。既然已经没有更好的办法了，就不要再在情绪上折磨自己，搅乱当下和未来的生活。有时候，困惑和焦虑就是因为钻了牛角尖，一旦把目光和思想从那件事上抽离开，过段时间再回头看，会发现当初焦虑的事也不过如此。

此外，尽量把自己的生活安排得井然有序，不要什么事都堆在一起，在时间和精力上给自己造成紧迫感。把最重要的事列出来，优先去做，就算当天还有许多小事没做，也不会有太大的影响，让生活烦乱不堪。总而言之，焦虑这种情绪，随时都可能会出现，女人唯有持一份淡定的心态，学会轻轻抚平自己的情绪，才不至于被生活的琐事牵绊住脚步。

做一个不浮不躁的女子

一个虔诚的妇人，终日拜祭神灵，希望神可以帮她完成心愿。终于，神被她感动了，问她："你求什么呢？"妇人答："我求心想事成，一帆风顺。"

神从口袋里掏出一个宝瓶，对她说："这是一个宝瓶，如同你的心一样。当你静下心时，它就会帮你达成心愿；如果你急于求成，心浮气躁，它会让你一无所有。"说完，神就走了。

妇人半信半疑，但谨记着神的话，尽量保持心态平和。她试着幻想一桌饭菜，果然一桌丰盛可口的饭菜出现在她眼前。她没有得意忘形，又想着变出一袋金钱，很快一袋金钱便掉在她的脚下。之后，她让宝瓶变出豪宅，一切都应验了。

这时，她已经有些按捺不住内心的喜悦了，又让宝瓶给自己变出马车、财物和仆人。她的欲望越来越大，心也开始飘飘然。当一切想象出现在眼前时，她激动地拿着宝瓶手舞足蹈起来，不料一个踉跄，连人带瓶都跌倒在地。宝瓶碎了，那些豪宅、马车、美食、仆人，也在一瞬间消失殆尽。

一位教授问过某学生："什么是你的追求？"学生给出的答案很多："健康，财富，名誉，爱情……"教授不以为然，说："你把最重要的一项忽略了——心灵的宁静。少了它，所有的东西都会给你带来可怕的痛苦。"

人生最大的财富不是外物，而是内心的宁静。所有美好的东西都需要一颗宁静的心去等待、去创造、去品尝，若是心里毛毛躁躁，无论身在什么地方，过着怎样的生活，都难以感到安宁和幸福，更多的时候都是在饱受患得患失的苦。

二十多年前，她大学毕业，被分到离县城一百多里的小学任教。那时候日子很辛苦，没有菜市场，没有超市，甚至连杂货店、小卖部都没有，每个礼拜的饭菜都得从自己家里带去，吃的东西也很简单，只有馒头和咸菜。村里没有电视、没有电脑、没有手机，一天只有一趟公交车进出，路面坑坑洼洼的。对她来说，唯一的乐趣就是把自己带去的那几本名著翻来翻去，到最后，书已被翻得都不成样子了。

她说："那时候，我特别羡慕城里人。"

后来，她总算熬出了头，被调到城里的一所学校。脱离了那片闭塞的土地，再跟那些依旧在乡下的同事朋友见面，她心里不由得滋生了一些优越感。回城后的日子一天天好起来，社会的发展节奏也越来越快，周围高楼大厦拔地而起，整个世界都在变化。宽阔的柏油马路和来来往往的车辆，将城市装饰得无比华丽，像梦境中一般美好，而夜晚的灯红酒绿，也让人多了几分迷茫。

此时，为人所羡慕的已经不是像她这样端着"铁饭碗"的人了，而是那些下海经商赚了大钱的人。她认识的朋友中，有人经商做买卖，赚得盆丰钵满。与人一比，看着自己每月到手的那点死工资，她心里的平衡感和优越感一下子就被打破了。

一个人心里揣着太多的愤懑，就会变得歇斯底里。她开始动不动就发脾气，跟家人争吵，挑剔和指责同事，整个人看起来充满戾气。

有一天晚上，丈夫回来得晚了点儿，说是加班累了不想吃饭，直接就进卧室躺下了。看着自己辛苦做好的饭菜一口未动，她便冲着丈夫发火，说了许多难听的话，且越说越离谱，最后竟说自己跟着丈夫没过过一天舒服的日子，指责丈夫没本事。

性情温和的丈夫早已受够了她的无理取闹，一针见血地戳穿了她的心病："这些年，你心里就一直没平静过。不管是在乡下任教过着苦日子时，还是调回城里分了房子、涨了工资后，你一直都觉得自己的脚步慢了别人一拍。现在，你又开始嫌弃我、埋怨我，你为什么不反思一下，是你太急于求成、太爱攀比、贪得无厌呢？"

回望现实中的芸芸女子，多少人如她一样，为名声利益和物质财富迷失了自己，让原本清澈的生活，在争的搅拌下变得混沌不清，日子也过成了煎熬？

有人曾说："浮躁这种情绪具有虚妄性、情绪性、盲动性相交织的特点，属于一种病态心理，它往往会让人失去正确的方向，让梦想无法成为现实。"其实，浮躁让人失去的不只是正确的方向，还有宁静的日子。原本，追求更好的生活没有错，可若是心太急了，追赶着自己无法企及的节奏，就是不切实际了。更糟的是，一旦心浮躁了，难以控制情绪的时候，原本美好的事情，也会朝着不利的方向发展。

没有一颗宁静的心，生活处处都是慌张的死角；习惯了处处与人争，时时想做佼佼者，痛苦折磨的始终是自己。争强好胜、逐名追利，不是真正有价值的生活。很多时候，人生需要舍得和放下，放下了心中的石头，才不会荡起涟漪；放下了争强好胜，才能保持内心的宁静与平和，换来清新的生活。

漫漫人生路，女人要努力使自己的内心平和而不动荡、宁静而不浮华、专注而不躁动、博学而不粗鄙。就如一位教育家所说的那样：“我们要用平平常常的心态、高高兴兴的情绪，快节奏、高效率地多做平平凡凡、实实在在的事情。学会把平凡的、实在的事情做得有滋有味、有声有色、如诗如画、如舞如歌。”

你静了，岁月就好了

琴瑟相伴，岁月静好，世间不知有多少女子都在憧憬着这样的画面。只可惜，生活犹如一条河流，时而平静，时而奔涌，波澜不惊的日子总是会被突如其来的意外打破，大到事业、工作、婚恋，小到为人处世、日常起居，当女人被这些烦心事包裹起来时，就会不由自主地躁动起来，觉得全世界都在跟自己作对，看什么都充满了厌烦。

夏梦心烦意乱地翻阅着桌子上的一大堆文件，电话那端又传来老板索命般的声音，追问着项目的进展情况。连日来的闷热天气，让夏梦头痛欲裂，情绪极度紧张，皮肤也因精神压力过大泛起一片片红疙瘩。眼前的工作如同一团乱麻，惹得夏梦只想发飙。下属们看见她，都像是受了惊吓的小鹿，不敢大声说话，生怕不小心惹怒了她，给自己带来麻烦。

中午休息时，夏梦在洗手间意外听到了下属们在偷偷议论她。

“哎，你有没有发现，夏梦最近有点不正常呀？整天吊着一张脸，动不动就发火，不会是婚姻出问题了吧？遇见这么一个神经兮兮的主儿，弄得我们也特累。”

“是呀，整天提心吊胆的。可能是老板催得紧吧，她压力也很大。话说回来，谁的压力不大呢？总得想办法自己调节吧，总拿身边的人撒气就有点儿说不过去了！”

一语惊醒梦中人。夏梦知道自己最近情绪不好，主要就是项目上没什么进展，有些原本答应合作的客户，不知何故非要取消合约。这次的推广方案是自己策划并实施的，如果推广成功的话，她很有希望晋升为分公司的经理。她太在意这次升职机会了，也很在意老板对自己的看法，心里也就不免焦躁，失去了往日的镇定与从容。这种急迫感让她经常烦躁不安，大发脾气，先生也说她最近说话都带着“火药味”。

带着沉重的心情回到办公室，夏梦决定甩掉这种令人生厌的精神状态。她把办公桌彻底整理了一番，心绪顿时觉得没那么杂乱了；她又打理了一下那盆多日没有浇过水的绿萝，而后拿出久违的印花小瓷杯，给自己泡了一杯沁人的绿茶。在茶香中，她开始反思自己最近的状态：“何必这么为难自己、为难别人呢？能升职固然是好事，不升职又何妨呢？”

静心细想，她顿时觉得心里轻松了不少。她试着放下那些沉重的枷锁，放松情绪，品尝着那杯上好的绿茶，让自己沉浸在置身事外的宁静中。待思绪平稳后，她像往常一样写下手头要做的工作，标出轻重缓急，开始有条不紊地着手进行。

其实，夏梦那天的工作任务繁重，但没想到在临近下班时竟轻松完成了，难得不需要加班。到了下班时间，她收拾好东西走出办公室，心里涌出了昔日那种小有成就的喜悦感，脸上也泛起了笑容。她笑着跟同事打招呼告别，大家都觉得很奇怪，有的人还悄悄议论，以为夏梦遇到了什么喜事。

接下来的那段时间，夏梦一直不断地提醒自己，要保持一颗宁静的心，不能被升职的念头束缚住。有意思的是，当她不那么在意这件事的时候，一切居然开始朝着好的方面发展。下属的执行效率高了，项目有了明显的进展，老板对她也更加重视了。

从这件事里，夏梦也悟出了一个道理：岁月静好不是一种生活状态，而是一种心境。不慌不躁，心想事成并不是太难的事，只要你熬得起、忍得住，一步一个脚印地走，抵达终点是迟早的事。可是，一旦心浮躁了，难以控制情绪的时候，原本美好的事情，也会朝着糟糕的方向发展。越是身处浮躁之中，越要保持内心的宁静，没有一份沉稳、踏实做事的心态，急躁沉不住气，即便目标再高远、理想再崇高，也不过是水中花、镜中月。

有句话说得好：“心静，万物莫不自得。”每天抽出一点时间来思考自己的心情变化，把它记在日志本上，时间长了，你会发现自己每天的情绪起伏，强化保持心情平静的动力。

当你感觉自己无论如何也难以静下来的时候，试试用冷水洗脸，降低皮肤的温度，消除急躁的感觉。

人生真的不必太急功近利，患得患失，将脚步放慢一点儿，将心灵放松一点儿，以从容的姿态去坚守梦想。很多时候，你静了，岁月就好了。

活着不是为了生气

女作家冰心说过：“不是每一道江河都能流入大海，但不流动的一定会成为死湖；不是每一粒种子都会成为参天大树，但不生长的种子，一定会成为空壳；活着，是生命的一种形式，而微笑则是生命中最美丽的花朵。比如蒙娜丽莎的微笑，笑颜如花，灿若朝霞。”

真正的美，从来都不是金玉其外，而是内里的绚烂。一张洋溢着微笑的脸庞，永远比愤怒的面孔更令人动容。脾气会泄露女人的修养，一个装扮得再华丽的女人，若开口就是粗暴的言辞，为了微不足道的小事斤斤计较，不依不饶，那份外表的美很快就会黯然失色。她那谩骂指责和狭隘刻薄的姿态就已经告诉世人，她的内在是多么浅薄。

优雅的女人不是没有脾气，而是在任何时候都懂得控制自己的情绪。她知道，人生苦短，耗费时间和精力去生气是一种愚行，乱发脾气，乱了心绪，会让青春的容颜消逝得更快，且最终伤害的还是自己。面对那些阴风浊浪、冷漠嘲笑，她宁愿选择一笑而过。

其实，静下心来想想：人生在世不过几十年，为什么非要让愤怒占据自己的内心呢？

有则关于兰花的故事，想必你也听过：一位禅师酷爱兰花，在弘法讲经之余，花了很多时间和精力栽种兰花。一次，他打算外出云游半月，便将兰花交付给弟子，嘱咐他们悉心照料。弟子不敢有丝毫怠慢，即便如此，还是有一个小师弟在浇水时失手将兰花架碰倒了。花盆碎了，兰花散落一地，弟子们吓得大惊失色，忐忑地等着师父回来后领罪受罚。

谁知禅师回来后，并没有怪罪任何一位弟子，反倒开导他们说："我种兰花，一是希望用来供佛，二是为了美化寺院环境，不是为了生气而种的。"

不是为了生气而种兰花，多么睿智的解释啊！禅师酷爱兰花，心中却没有兰花这个障碍，所以兰花的得失并未影响他的情绪。

生活中，当你失去了心爱之物，被人辜负和伤害，遭受误会和不解时，你能不能也这样告诫自己："我不是为了生气而工作的""我不是为了生气而交友的""我不是为了生气而结婚的"……当你这样想的时候，愤怒的情绪就会被抚平，化为一团安详。

炎热的夏天，拥挤的公交车上，一对恋人站在后面的车厢。为了避免其他乘客挤到自己的女朋友，男孩用手臂围挡在她的腰上。他轻轻地问："累吗？待会儿想吃什么？"

可能是车里太闷太热，女孩一脸的烦躁，没好气地说了一句："随便吧，别问我了！就那几样东西，能有什么新鲜的？"

碰了"钉子"之后，男孩一脸无辜地低下了头，小声说道："不就是问问你嘛，想让你吃点儿喜欢的东西。你工作上那些事我帮不上忙，能做的也只有这些啦！"

听完这话，女孩也觉得有点愧疚，后悔自己刚刚发脾气。想想这几年他对自己的好，涌起一阵心酸。她对他说：“对不起，不是针对你。”

他笑了，温柔地说了一句：“没事儿。我跟你在一起，又不是为了生气。”

生命如同一场奇异的旅程，有愿才会有缘，如果无愿，即使有缘的人也会擦身错过。两个人在茫茫人海相遇相知相恋，多么可贵的一件事，为何要生气呢？这一生，能有这样的人，包容接纳你所有的好与坏，是多么难能可贵的幸福！既然我们连陌生人都可以迁就，都可以忍让，为何要向最亲的人动怒呢？

再退一步说，生气这件事情本身，对自己也没什么益处。美国生理学家爱尔玛为研究生气对人体健康的影响，做过一项简单的实验：

把一支玻璃试管插在有冰有水的容器里，然后收集人们在不同情绪状态下的“气水”。结果发现：同一个人，当他心平气和时，所呼出的气变成水后，澄清透明，没有任何杂色；在悲痛时呼出的“气水”，有白色沉淀；悔恨时呼出的“气水”呈淡绿色；生气时呼出的“气水”则有紫色沉淀。

接着，爱尔玛将人生气时呼出的“气水”注射在小白鼠身上，只过了几分钟，小白鼠就死了。通过分析，他得出结论：如果一个人生气10分钟，所耗费的精力不亚于参加一次3000米的赛跑，且人在生气时很难保持心理平衡，体内还会分泌出带有毒素的物质。

对芸芸女子来说，要做到超然于世、不喜不悲的境界，是不现实的。做一个优雅的女人，不代表要像白开水一样没有任何脾气，而是要不断锤炼自己的胸怀、控制情绪。女人之美有三个层次，一是美丽，二是魅力，三是心境，唯有秉持一颗平和豁达的心，才能渗透出一份气定神闲的优雅气质。

吵闹解决不了问题

女人对事物的细腻与敏感度，往往比男人表现得更为直接，因而被贴上了“感性动物”的标签。感性不是错，它让女人充满了浪漫的情怀，富有怜悯善良之心，给世界增添了一丝温暖与柔情。

与此同时，感性也容易让女人在处理问题时出现偏差，比如习惯凭直觉办事，尚未弄清楚事情的来龙去脉就妄下结论，遇到突发事件无法迅速冷静下来，往往会跟着失控的情绪走，把事情弄得一塌糊涂，伤了别人也伤了自己。

在感情的世界里，最容不下的莫过于欺骗和背叛了。当全心全意的付出换来的是他爱上了别人，所有的海誓山盟都变成了过去时，没有哪个女人会不觉得伤心和愤怒。面对这样的情形，该怎么办?

结婚不过才两年，岑娜就发现丈夫竟然跟前女友还有来往。恋爱时，她问过他很多次，是不是全心全意跟她在一起，答案都是肯定的。正因为此，她才接受了他的求婚。没想到，那个最终没有得到的前女友，还是像噩梦一样出现在了她的婚姻里。

岑娜满腹委屈，她没有直接打电话质问丈夫，而是偷偷加了女方的微信，以洽谈合作的借口约对方见面。见面后，她失去理智，把果汁泼到了对方的身上，当众羞辱对方破坏自己的家庭。看到对方掩面离去，她才觉得消了一口怒气。

丈夫下班回来后，满脸阴沉，奇怪的是，他并没有指责岑娜。依照岑娜的预想，他要么应该大发雷霆，要么应该低头认错，但总不该是这个样子的。她试探性地询问原因，听到的却是一个晴天霹雳：丈夫的前女友，她用果汁“教训”过的那个女人，竟然吞服了安眠药，幸亏送医院及时，没酿成悲剧。更让她震惊的是，那个女人并不是为了错位的感情而轻生，她去年患了尿毒症，情绪一直很不稳定，丈夫跟她联系也不过是从同学那里听说了这件事，站在故交的立场上关心一下。

庆幸的是，眼下丈夫似乎还不知道自己找过那个女人，而对方也没有告诉外人，这件事却成了岑娜心里的一个死结：告诉丈夫，他会怎么看自己呢？若是不说，将来有一天他知道了，自己又该如何解释呢？想了许久后，她在微信上给对方发了一段心里话，反省自己的鲁莽和冲动，也为自己给她造成的伤害道歉，恳求对方原谅。

仅凭盲目的猜疑就去伤害别人，把所有的情绪都发泄到对方身上，甚至不惜毁掉别人的声誉，这样做有用吗？吵闹，解决不了任何问题，只会让情况变得更糟。当一个女人失去理性，变得歇斯底里，再怎么喜欢她的人，都会敬而远之，甚至决绝地离开。

想成为有品位、受尊重、能掌控生活的女人，要有一颗柔软而冷静的心，遇到问题时静下心来想一想，力求用最温和的、最有效的方式去处理。无论结果如何，至少这样的表现能够保留住自己和他人的尊严，哪怕是分开，也要优雅地说再见，留下美丽的倩影。

S的先生独自经营着一家公司，早出晚归，业务很忙。S很细心，在生活起居上把先生照顾得很好，婚后两人相濡以沫，从未有过什么波澜。

随着公司的规模不断扩大，一些风言风语传进了S的耳朵里。有人告诉她，先生跟公司里的女秘书走得很近，让她多留心。她觉得这都是捕风捉影，先生不可能那么做。直到有一天，她无意间看到了先生手机上的短信，才知道那些传言竟是真的。

她没有吵闹，也没有指责，先生心知有愧，主动说出了他和女秘书之间的事。其实，是女秘书对他心生爱慕，那次出差，他跟客户喝多了酒，一时情迷犯了错误。女秘书是一个不要承诺、不要回报的优秀女孩，长得也漂亮，他实在难以抗拒，但不是爱。他的内心，也希望女秘书早点找到自己的幸福。

她能理解。纵然先生心里爱着自己，可面对外面的诱惑，难免会动心。可是，该怎么做呢？她把自己反锁在房间里，认真思考他们的婚姻。没错，他们的生活看起来很幸福，可平静的表面下却暗潮汹涌，而这一切都怪她平日里太疏忽了，忽视了对先生的关注。

她决定独自见见那位女秘书。见面那一刻，没有歇斯底里，也没有谩骂侮辱，她们都只是安静地审视着彼此。女秘书说："我知道，他心里没有我。在这场争夺战里，我一直都是个失败者。"她回应道："你是个好女孩，应该有一个真心实意爱你的人。爱一个人，有时不一定要拥有他，而是要他能够幸福。现在，他有一个完整的家，我希望你能让他享受这份温暖而平静的生活。"

几天之后，女秘书主动提出辞职，她和先生的关系也缓和了。先生面带愧疚地对她说："对不起，是我错了。我也要谢谢你，为我保全了这个家。"

一个在捕风捉影中歇斯底里，一个在铁证如山面前淡定从容，身为旁观者，我们也不禁会为后者的智慧与修养啧啧称赞。多数人都吞咽过冲动的苦果，原因就是仅仅专注于失去理性的“那一刻”的感受，深陷于“那一刻”的情绪里无法自拔，武断专横、不计后果，无中生有、放大痛苦，把原本不严重的事情闹得无法收场。

不是每个人生来都有冷静理智的头脑，要在受到刺激时控制住情绪，让理智盖过冲动，需要后天的学习和修炼。最简单有效的办法就是，在刺激和回应之间按下“暂停”，跳出当时的情绪，停下来思考：事情是这样的吗？我这么做能解决问题吗？会不会于事无补，或者把事情越搞越糟？有了这宝贵的暂停时间，内心深处的理性就会被唤醒，从而让我们避免做错事和傻事，让人生少留一点儿遗憾。

少点执拗，多点平和

一对青年男女走进街头的婚纱店，想预约一套精美的婚纱写真。新郎文质彬彬、气质沉稳，新娘高贵大方、美丽动人。见惯了俊男美女的店员们，在看到这对新人的时候，依然不约而同地说道："太般配了！"

新郎是个细心的人，对婚纱照问了很多问题，一看就知道事先做了不少功课。毕竟，在多数拍照的新人里，通常都是新娘显得更关心，像这样温柔细致的男人，确实不多见。两人在拍照时表现很好，出了不少精彩的照片。取件的时候，他们告诉店员，说婚礼马上就要举行了，脸上洋溢着幸福的微笑。

婚纱店有一项活动，可在结婚当天为在这里拍照的新人免费提供礼服。新娘执意要穿两套婚纱、两套晚礼服，店员说婚礼时间有限，有可能穿不过来。谁料，新娘当场就沉下脸来，质问店员是不是不愿意提供，接着愤愤地离开了婚纱店，让在场所有人大吃一惊。之前看起来文文静静的女孩子，怎么一下子变得如此暴躁？新郎连忙跟店员道歉，说改天再来。

然而，那天之后，他们却再没有出现过。

到了取礼服的前一天，店员照常规打电话给新娘，想再次确认有关礼服的事宜。谁料，新娘在电话那端歇斯底里地吼了起来，说确定不了时间，人都消失了，还怎么结婚？店员听得目瞪口呆，只好说了声抱歉，匆匆挂断电话。

原来，自打那天他们从婚纱店离开后，就一直不停地吵架，起因全是有关结婚的一些小事。新娘觉得这是自己一辈子的大事，必须要有一个华丽的、完美的婚礼。新郎觉得婚礼只是一个仪式，不必太过铺张浪费，她对婚礼的要求太高了，对许多细节的问题更是小题大做、吹毛求疵。

起初，新郎还很有耐心地迁就她，说明自己的看法，可女方却变本加厉，动不动就大发雷霆，到最后新郎忍不住爆发了，提出分手。这时，新娘才意识到自己做得有点儿过分，四处找新郎，可对方不接电话，也不曾回家。本来是一段美好的爱情童话，就这样被她的吹毛求疵和坏脾气毁掉了。

为了一点小事斤斤计较、任性叫嚣、肆意发火，着实不是一件好事。凡是太过较真，不仅影响周围的人际关系，也会把自己推向一个不可理喻、毫无修养的位置上。生活中有太多需要花费精神和气力的大事，经常被琐事搞得垂头丧气，不过是夸大了那些小事的重要性，实则未曾懂得什么才是真正的生活。

若不是那一场病，她至今也许还不能够清醒地认识到，自己曾经浪费了多少时间和生命，给身边的人制造了多少不愉快和伤害。直到那天，她看到诊断书上赫然出现“肿瘤”二字时，强势苛刻的她彻底向生活举起了白旗。

她不停地在脑子里想：我还能活多久？我还能做点什么？若是真

的离开了，女儿该怎么办？丈夫能不能照顾这个家？……越想越怕，越想越难受，越想越后悔。如果知道生命这么脆弱，定不会整天唠叨丈夫、斥责女儿，也不会嫌弃婆婆啰唆麻烦。

所幸，她的肿瘤是良性的，不会危及生病。住院期间，婆婆在家里照顾女儿，丈夫请假到医院24小时陪护。过去的生活一一浮现在她眼前，那些曾经让她烦忧过的事情历历在目：没钱买房子，没钱买车，为了芝麻点儿的事情和丈夫吵架……然而，当自己躺在医院的病床上，再看那些曾让自己头痛不已的事情时，却显得那么微不足道、那么荒谬，她曾经的生气愤怒、苛责埋怨，也显得那么无聊和无理。她摇摇头笑了，笑自己冲动狭隘，笑自己不懂珍惜。

习惯对不起眼的小事较真，并将其主观扩大化，往往是没有经历过生死的考验，没有经历过更加糟糕的事情。狄斯雷利说过："生命太短促了，不能再只顾小事。那些琐碎的事情远非生活的主旋律，它们根本无足轻重。与你的生命和快乐相比，任何事都是不足挂齿的。"

每个人的内心深处，都存在理智与情感的斗争。心平气和的优雅女人，并非都是与生俱来的好脾气，只是她们更懂得自我控制，不会任凭情绪支配自己的言行。已六十有余的赵雅芝，如今看上去依旧华贵端庄，是多少人心中的不老女神，也是优雅女性的代表。她曾说："人生有很多事情就像注定的一样，都是偶然的，但又是躲不掉的。我不知道为什么还会有那么多人觉得我依然美丽。其实我想，美丽就是一种平和、自然的心态。"

一个内心丰富、修养深邃的女人，必然是一个懂得控制情绪、心境平和的人，能够超脱地看待一切，宽容地对待所有，不会轻易对周围的人发脾气，更不会把别人的迁就当作任性的筹码。也许，在岁月面前，我们无法战胜必然的衰老；在生活面前，亦无法逃脱琐事的纠缠，但我们可以选择收敛自己的情绪，在平和与淡然中接纳生命的规律，善待自己、善待他人、善待生活，成为一个花开不败的女人。

嫉妒是心里的一根刺

医学心理学家曾经做过一次情绪实验：把一只饥饿的狗关在一个铁笼子里，然后在铁笼子外面也拴上一条狗，并给笼外的这条狗喂些肉骨头。结果，笼内的狗在急躁、气愤、嫉妒的消极情绪状态下，产生了神经症的病态反应。由此，医学界把嫉妒情绪称为“心灵肿瘤”。

嫉妒是一种复杂的情绪，总是用别人的“好”来折磨自己。看到别人往前走，就认为自己在后退，任由敬畏、屈辱、自卑、恼怒的情绪撕咬内心。你不如她时，她会软言相慰，做一个善解人意的朋友；你比她好时，她就迷了心智，把所有的错都加在你身上，甚至希望你走一点“霉运”。就像鲁迅先生说的拖人下水的办法：“我不行，而他和我一样，大家活不成，拉倒大吉。”

是别人真与她有什么过节吗？是别人侵入了她的世界吗？没有。她的生活变得一塌糊涂，她的情绪跌宕起伏，与别人毫无关系。真正让她陷入困境的，是她看到别人的幸福而产生的嫉妒，那就像一根刺一样深深地插在心上，让她疼痛，让她怨恨。

当一个女人开始嫉妒别人的时候，她便与优雅美丽无缘了。你看，那难以掩盖的尖酸刻薄，那语气中透出的怨恨与悲哀，字字句句都在贬低着别人，不自觉地用否定对方的方式来提高自己。可惜，这不过是自欺欺人，欲盖弥彰只会让人显得更浅薄。

刘忻是一家IT公司的技术顾问，在男多女少的工作领域中，漂亮出众的她自然就成了焦点人物。在公司三年多，她已经习惯了这种众星捧月的感觉。后来，技术部门新进了一个90后女孩M，长相甜美，性格外向，爱说爱笑，很快就跟办公室里的同事熟络了。这让刘忻产生了强烈的失落感，并萌生了嫉妒心。

当同事夸M性格好时，刘忻却冷冷地说，她整天疯疯癫癫的，说话没轻重，明显是缺乏教养。当M有事向刘忻请教时，她一改往日亲和的模样，摆出一副不耐烦的样子，言语里夹杂着不屑。渐渐地，同事也感受到了刘忻对这个新人的敌意，并看到了她尖酸刻薄的一面。面对故意挑刺的刘忻，同事自然会为无辜的M辩护，这让刘忻更加嫉妒M，变得脾气暴躁、古怪多疑，说话总是阴阳怪气的，直接影响了在公司里的人际关系和工作。

英国哲学家培根说："嫉妒这恶魔总是暗暗地、悄悄地毁掉人间的好东西。"嫉妒毁掉了刘忻和同事的融洽关系，将来还有可能会毁掉她的事业前程。虽说每个人或多或少都存在一点嫉妒心，但就刘忻这样的情况来说，未免有些太过了。

面对这根毁掉女人所有美好的毒刺，有没有什么办法能将它拔掉呢？

一位颇有生活情趣的女士，家里养了几只猫。这些猫很受宠爱，过着幸福优越的生活。后来，朋友送了她几盆花，她给这些花都取了名字，每天施肥浇水，勤加管理，还买来各种有关养花的书籍，一边看一边实践。不久后，它们竟然开出了几朵漂亮的花。

女士很开心，就请自己的好友来赏花。当客人们落座后，她将一盆自认为最好的花放在茶几上，指着花对客人们说起自己的养育心经。

就在这时，令人意外的一幕发生了。她平日最喜欢的一只猫咪，耳朵用力向后背着，冲到花盆前，用锋利的爪子猛打花朵。由于事发突然，女士未能及时制止猫咪的攻击行为，以至于让那盛开的花遭了殃。

大家还没反应过来是什么回事，那猫咪突然停止了进攻，坐在被打坏的花前，看看大家，又看看那花，似乎也知道自己犯了错，朝着主人“喵喵”地叫了起来，像是在承认错误。此时，女主人笑了，也猜出了猫咪的心思。

原来，每次家里来客人，她都会向人夸耀自己的猫咪。这次，她却冷落了猫咪，把那盆花当作了焦点。这样的举动伤害了猫咪的自尊心，也引起了它强烈的嫉妒，让它情绪失控捣毁了那盆花。

所有人都没想到，猫咪竟然也有这样的举动，真是让人哭笑不得。自那以后，女主人每次再请人来赏花，就把猫咪抱在怀里，先对大家夸几句猫咪，然后再说关于花的事。如此这般，便再没有发生过之前的情况。

有时候，用对待猫咪的这种方式来处理人的嫉妒心理，也不失为一剂良方。当你发现自己嫉妒某位女性的时候，不妨先在心里肯定一下自己，看清自己的长处，嫉妒的感觉就会逐渐减弱；若是自己被别人嫉妒了，那不妨适当地称赞一下对方，帮她强化自身的优势，削弱她的嫉妒心。

人生还是多点淡定和豁达吧！没有了嫉妒心，生气和愤怒也就成了无本之木；没有了嫉妒，生命才能更加从容自如。愿你放下嫉妒，自此喜悦快乐。

Chapter 4

修炼“言”值，你比想象中更受欢迎

说话要照顾别人的情绪

法国启蒙思想家孟德斯鸠说过这样一段话：“我从不歌颂自己，我有财产、有家世，我花钱慷慨，朋友们说我风趣，可我绝口不提这些。固然我有某些优点，而我自己最重视的优点，即是我谦虚……”仔细玩味，会发现这番话里蕴含着深刻的处世之道。

Tracy是个热心肠的女人，得知自己的好友晓诺因丈夫的公司经营不善，赔了不少钱，便想着约她出来散散心。周末，她打电话约来了晓诺，还有其他两位朋友。吃饭的时候，气氛还是挺融洽的，谈谈哪儿开了新餐厅，说说最近在用什么护肤品，都是女人间常聊的话题。

组织聚会之前，Tracy也跟其他两位朋友说了晓诺的情况，提议见面时少谈跟生意有关的事。谁知，酒一下肚，爱炫耀的菲姐就忍不住说起了自己的老公，说他在单位里如鱼得水，最近有可能要升职。说话的时候，那得意的神情，简直有点忘乎所以了。Tracy一个劲儿地给菲姐使眼色，菲姐大概真是得意忘形了，根本没意识到。

晓诺在一旁坐着，低头不语，一会儿去趟卫生间，一会儿又说打个电话，最后，干脆找个借口提前走了。Tracy连忙去追晓诺，晓诺的脸色很难看，说道："故意在我跟前炫耀是吗？风水轮流转，我就不信了，太阳就只从你家门前过！"

真是十年河东，十年河西。没过多久，晓诺的老公靠着一位朋友的帮忙，又做起了老本行，规模虽然不大，但有了上次的教训，他也算长了经验。再看菲姐的爱人，因为出言不逊，职位被别人顶替了。几位朋友再相聚，晓诺当着菲姐的面没说什么，可私底下还是跟Tracy说："人不可能一辈子都得意，早知今日何必当初呢！"

失意的人心理就像脆弱的蛋壳，稍一碰触就会被击碎。他们在情绪低落的时候，比平日里更容易多心，别人所说的每一句炫耀得意之事的话，在他听来都是充满嘲讽和讥笑的，他会觉得别人是在故意戏弄他，看他的笑话。更糟糕的是，有时候这种负面的情绪还会演变成记恨，深植于内心深处。他不仅会疏远你，在你日后遇到麻烦的时候，就算他能帮忙，他也未必会伸出援手。

顾蕊结婚后不久，爱人就因病住院了。一个对爱情、对婚姻充满着无限憧憬的年轻女孩，还未来得及享受丝毫的甜蜜，就被眼泪和担忧包围了。爱人病得很重，医生说很可能落下后遗症，导致左侧身躯不能动弹。恐惧之余，顾蕊心里更多的是自责。

恋爱的时候，顾蕊就听他说起过，经常会觉得头疼。她以为，不过是工作累了，歇歇也就好了，没什么大碍，一直没陪他去医院检查。没想到，一步错，步步错，竟酿成了现在的结局。她后悔莫及，新婚燕尔的甜蜜化成了一杯苦涩的水，她不知道自己是否真的有勇气咽下去，兑现婚礼上的誓言：不离不弃。

痛苦来袭时，顾蕊想给自己的心找个出口。她想到了任苒，那个离她千里之外却一直被她视为知己的女子。她觉得，这些感受说与任苒听，或许可以得到些许安慰。在她心里，任苒是一个重情重义的女人，她希望从任苒身上获取一些鼓励。

在网上，她把自己的经历跟任苒说了，包括自己如何在医院里跑前跑后的忙碌。她万万没想到，任苒开口的第一句话竟然是：“我最讨厌去医院，要是我，早就崩溃了。”当顾蕊说到爱人的病情和今后可能出现的糟糕情况时，任苒说：“也许我的话不好听，结婚前你怎么不带他去检查呢？这么大意……”顾蕊没有说什么，只觉得心寒。

没想到，接下来更让顾蕊窝心的事情出现了。

任苒现在未婚，正处于热恋阶段。顾蕊说的这些事，她似乎根本没往心里去，也不知道此刻的顾蕊是多么难过，精神已经到了崩溃的边缘。任苒没有给一句安慰，泼了冷水之后，又大谈特谈自己的爱情：“你就是活得太操心了，什么事都要靠你。我和他在一起，生活上不用我操心，他各方面能够帮到我的，就像跑医院这样的事，我可做不来的，我生病了都是他带我去。如果我是你，我现在恐怕都已经崩溃了，根本不知道怎么处理。我觉得，你比我坚强多了……”

顾蕊实在听不进去了，关掉了和任苒的对话框。她怎么回味任苒的话，怎么都觉得，对方是在看她的笑话，嘲笑她没有找到一个好的依靠，凡事都得靠自己。嘲笑之余，还有点幸灾乐祸，觉得她自己很幸运，遇到了一个身体健康、宠爱她的男人。顾蕊突然很后悔，后悔向任苒述说自己的遭遇，她没有得到丝毫的安慰和宽解，反倒是给心里添了堵。

那次聊天之后，任苒在顾蕊心里的好感彻底消失了。她不再关注任苒的任何消息，屏蔽了她的QQ，电话也拉进了黑名单。她实在无法容忍，在自己最心痛、最低落的时候，自认为知心的朋友，会说出这样刺耳的话，竟还在自己的面前炫耀她的幸福。

生活中，真正能够做到喜怒不形于色的女人屈指可数。多数女人遇到开心的事，都忍不住与人分享。分享没有错，但分享要看场合、看情况，她人的婚姻和生活正遭遇着一场暴风雪，你却大谈特谈日子的温暖和甜蜜，实在有点不近人情。

人生总会有得意的时候，也总会有值得炫耀的地方，但最可贵的不是这些，而是低调和谦虚慎言。若不懂得收敛，明知某人正处于失意当中，还不懂得压制一下自己心中的“得意之事”，此行此举未免有点太浅薄、太不近人情了。

在不会跳舞的人跟前，谈论跳舞的话题不会让你显得多有素养，反而让你显得更加无知。同样，在失意的人跟前炫耀自己的得意，就算是无心说的，也会招惹别人的忌恨。想要人缘好，每逢开口之前一定要记住，不管谈论什么，都不要让人产生自己被比下去的感觉。

你可以不那么焦躁

潇潇被派到生产部门做主管之后，完全像变了一个人，从前说话慢条斯理的她，不知怎么，那点儿耐性荡然无存。特别是上个月，她几乎隔两天就会在单位发一次脾气，有时冲着供应商摆脸色，有时对其他部门的人说一些带刺儿的话，俨然成了一个浅薄没素养的悍妇。做维修的供应商在私底下跟她的下属说："你们这位女上司也太凶了！"

潇潇打心眼里不愿意给人留下这样的印象，可生产线上的事实在不能耽误，停一分钟就等于浪费了大量的钱财，无奈有些下属就是不配合，她怎能不急？好说歹说不行，潇潇就只能冲着对方大吼，说一些带刺的话，直到对方哑口无言去做事。

其实，每次说完那些话，潇潇都会后悔，心里也一直自责："太有失体统了！花了七八年的时间，才把自己的急脾气给改了。现在怎么碰到一点儿事，就忍不住焦躁。"

焦躁的火焰不只在公司里燃烧，发脾气发习惯了，回到家后稍有不顺心的事，潇潇也会发脾气。好在爱人脾气好，不和她争执。看着丈夫笑盈盈的脸，她心里也有愧疚：他的工作比自己辛苦多了，压力也很大，可不管在公司遇到多烦的事，都不会把情绪传染给家里人，对自己也总是温和的、细声慢语的。相比之下，自己根本把工作和生活混为一谈了。

女作家三毛曾说："从容不迫的举止，比咄咄逼人的态度，更能令人心折。"

恬淡温和的气质最能打动人心，也最容易给人以好感。这份恬淡来自外表的安静，更少不了言语的温暖可亲。遗憾的是，很多女人忽略了这一点，就像潇潇一样，可能是因为情绪不好，就忘记了说话的尺度，不讲情面，咄咄逼人，似乎只有这样才能凸显自己的威严。其实，如此作为，只会让人觉得不可理喻、荒谬无比，甚至把自己置身于众叛亲离的尴尬境地，弄得人际关系一塌糊涂。

个人的威严不在于言辞是否犀利，而在于内在辐射出的气场。当发生意见不合时，那些气场强大的女人从来不会对别人横加抱怨、胡乱责骂，也不大发脾气，而是心平气和地处理矛盾。人们欢迎的往往是那些行为友善、令人轻松愉快的女人，因为这种女人的气场是温和的、明亮的，就像冬日的阳光一样。得饶人处且饶人，气场会辐射到更多人身上，如此我们也就拥有了更多的人气、更多的朋友。

为了筹备伊丽莎白女王八十岁的生日庆典，英国广播公司要拍摄一部女王的纪录片，还特意请来一位著名的摄影师做指导。就在拍摄纪录片的那天，摄像指导看到女王穿着华贵盛装出席，他提议说："如果您取下王冠的话，拍摄效果可能会更好……"

谁都知道，王冠是女王的标志和权力的象征，在所有重要的场合，伊丽莎白都会佩戴王冠，这一次的生日庆典自然也不会例外。其实，摄影师的话还没说完的时候，女王就已经很生气了，只是她一直保持淡定的姿态。她转向摄影师，说道："穿少一点？你以为这意味着什么？”看到女王生气了，所有人都很紧张。就在这时，女王突然又缓和了气氛，说：“我不会更换任何服饰，我有非常多此类的盛装，谢谢你。”

想一想，在自己非常愤怒的时候，竟然还能够对那个提建议的人说“谢谢”，这是怎样的一种心境？如果她当场发火痛骂摄影师，多数人也会表示理解，这毕竟是冒犯了她的尊严。但是，女王没有咄咄逼人，她收敛了自己的“情绪”，因为她知道，一个有教养的女人，不应该在众人面前表现出歇斯底里，而是要时刻保持优雅的姿态，不管谁说了什么、做了什么。

相信任何一个渴望美好的女性，都不愿意给别人留下肤浅、粗俗、愚蠢的印象。很有可能，你也正在为难以改掉咄咄逼人的习惯而懊恼不已。面对这样的情况，该怎么调整呢？其实，关键就在于平时把握好自己。

说话做事之前，先在脑子里过一遍，掂量一下：这些话说出去会有什么样的后果？会带给他人怎样的影响？会不会伤到别人？倘若会伤人，还有没有其他的表达方式？坚持按照这个原则去做事，自然就会成为一个出言谨慎、话有分寸的女人。

口无遮拦的女性，大都是性格比较直接，遇到了委屈不公平的事，控制不住自己的脾气，情绪一失控就乱说话。其实，在发生不愉快的时候，只要退一步想想，提醒自己要冷静，可能只是几秒钟，就能避免恶语出口。

知识丰富了，眼界宽了，境界高了，人自然就变得更加宽容、善良，渐渐变得性情温和、脾气温顺、言行温文尔雅，不再以出语伤人为自己的本事，情绪也便趋于稳定了。和为贵，忍为上，虚怀若谷，谦卑宽容。以这样的健康心态处理事情，不但可以得到一个满意的结果，而且会给别人留下优雅大度的美好形象。

顾及一下别人的面子

一位年轻的女律师，心性高傲，在辩论时总喜欢以咄咄逼人的姿态展示自己的伶俐口才。那次，她参与了一个重要案件的辩论。辩论中，最高法院的法官说了一句："海事法追诉期限是六年，对吗？"话刚说完，她就直率地指出："不，法官，海事法没有追诉期限。"

此话一出，法庭内立刻鸦雀无声，似乎连温度都降到了冰点。年轻的女律师没说错，海事法的确没有追诉期限，可她在大庭广众之下指出了法官的错误，着实让对方下不来台。只见法官脸色铁青，闭口不言。这位声望卓著、学识丰富的法官，显然被伤了自尊和面子。看到这样的情景，女律师也意识到，自己犯了一个不该犯的错，可话已经说了，覆水难收。

尽管法律不偏向任何人，公正严明，但有些话完全可以换一种方式说出来，暗暗提醒，或是旁敲侧击，都比直截了当地毁掉对方的形象、伤害对方的面子要好得多。倘若她能委婉一点，顾及法官的面子，也许事后对方对她还会心存感激，欣赏她做人做事的态度。

常言道："给他人一分脸面，他人必给你两分脸面；伤他人一分脸面，他人必伤你十分脸面。"没有人不爱面子，也没有人不寻求被尊重的感觉，人们判断他人对自己好不好的底线，是别人对自己是否尊重、是否照顾自己的心理感受。无论他私底下是什么样的人，但在公共场合，他都是很在意自身形象和尊严的。

对女人来说，"心直"是一种值得称赞的美德，"口快"却不值得恭维。我们常常会看见一些迷路的蜻蜓，在房间里拼命地飞向玻璃窗，每次撞到玻璃上都挣扎很久，才会恢复神志。之后，它在房间里绕上一圈，再鼓起勇气，朝着玻璃撞去，最终还是碰壁而归。其实，旁边的门是开着的，只是它忘了去尝试。为人处世也是一样的道理，很多话不要直来直去，可以绕个弯来说，婉言道出自己的意思，可以消除许多不必要的麻烦。

苏珊跟丈夫共同经营着一家建材公司。一次，丈夫带人给一家正在装修的店铺送地板，验货时，店铺老板一口咬定，他们送的地板和原先定的标准不一样，不接受这批货，还让他们赔偿自己施工延期的损失。

苏珊的丈夫是个火暴脾气，听对方这么一说，他也不耐烦了，看架势是想对方争论。苏珊拦住了他，和和气气地跟对方老板沟通，并且冷静地检查了这批地板规格，又看了当时的订货合同，发现是对方搞错了。因为，他们本身对地板的材料不太了解，可若直截了当地说对方不懂，无疑是在羞辱他们无知。

苏珊一边观察，一边提问，一边巧妙地向对方解释衡量地板质量的标准。言谈之间，让对方听起来，确实是自己不太专业，混淆了地板的规格标准。最后，他们不仅爽快地接受了这批货，还又向苏珊的公司订购了其他东西。

人活脸，树活皮，每个人都爱面子，足够聪明的女人总能知道什么时候该静静地面带微笑地听别人说，什么时候该给别人找个合适的台阶下，什么时候该见好就收，不让对方为难，也不让自己显得太过苛刻。

某商场的女装柜台前，一位女顾客气愤地要求退货。那是一件外衣，谨慎的销售员莉娜仔细检查后发现，衣服已经穿过，并且有明显干洗过的痕迹。可是，直接这样说的话，顾客肯定不会承认，她只说丈夫觉得不好看、不适合她，一次都没有穿过，还精心伪装了没有穿过的痕迹。

莉娜做商场销售很久了，这样的事情也不是第一次出现。她对女顾客说："我想知道，是不是您家里的某位成员把衣服错送到了干洗店？我之前就发生过这样的事，我把刚买的一件衣服和其他衣服一起放在沙发上，我爱人没在意，直接把那些衣服都扔进了洗衣机。我想，您是不是也遇到这样的事了？因为这件衣服确实看得出，已经有洗过的痕迹，不信的话，我给您拿来一件新的，您对比一下。"说完，莉娜热情地给顾客拿来一件新衣服，细细对比。

顾客哑口无言，知道无可辩驳。为了避免让顾客太尴尬，莉娜连忙说道："可能是家里人没在意，才把衣服送到了干洗店。"顾客顺水推舟，说可能是自己没注意，收起衣服走了。一场可能点火就着的争吵，就这样巧妙地避免了。

回顾生活，类似的事情比比皆是，女人总会遇到那些为谎言和错误寻找借口的人。面对他人的谎言，直接拆穿并不是最好的办法；用含蓄委婉的语言，在不伤害对方自尊的情况下，又让对方听出弦外之音，给他一个台阶，让他体面地收起自己的谎言，和和气气地解决问题，不是更好吗？

说话有分寸，点到为止

国画名家俞仲林先生擅长画牡丹。一次，有位社会名流慕名买了他亲手绘的一幅牡丹图，回家后兴致勃勃地挂在客厅，还请朋友来观赏。某朋友来访看到之后，竟然说：“真是太不吉利了，这牡丹没有画全啊，缺了一部分。牡丹本是象征富贵的，现在缺了一角，岂不是‘富贵不全’吗？”

听朋友这样一说，此社会名流再次端详墙上的画，大吃一惊。这件事简直成了他的一块心病，牡丹缺了一角，这可如何是好？最后，他准备带着这幅画找俞大师，请他重画一幅。

俞大师听了他的理由后，哈哈一笑，说：“牡丹代表富贵，缺了一边，不正是‘富贵无边’吗？”此社会名流一听，顿时大悦，说道：“哎呀，我怎么就没想到呢！”说完，就捧着画满意地回去了。

画家俞先生的一句“富贵无边”，可谓是四两拨千斤。同样一件事物，不同的人看，不同的心态，结果自然也不一样。大师没有直截了当地说购画者不懂画，还巧妙地给“缺一边”加了一个吉利的解释，利己利人，说得恰到好处。倘若他对购画者的造访不屑一顾，疾声厉色地指责对方无知，不仅会惹怒对方，还会毁掉他在购画者心中的形象，得不偿失。

女人在生活中与人相处时，也要学会掌控说话的分寸，不能想说什么就说什么，不在意对方的感受和需求。恶语出口，挫伤了对方的自尊心，损害了自身的修养，那可谓是太糊涂了。如果说话不懂得分寸，有时候就算是做了好事，帮了对方，也未必能得到对方的好感。

吴小姐是个热心肠，见自己的表妹大龄还未出阁，就想把单位的一个男同事介绍给她。她对表妹说："这男孩子挺不错的，一米八的个子，人也挺白净，父母都是退休教师。我觉得条件还不错，跟你也挺般配，去见见如何？"

其实，表妹心里已经有意中人，只是对方已经订婚，她需要点儿时间来调整一下，暂时不想恋爱。她没好意思对吴小姐直说，就委婉地说："我现在挺忙的，暂时也不想交朋友，等以后再说吧！"

吴小姐是过来人，听了这样的话，自然知道表妹心里可能不太愿意。她是个急性子，语气马上就变了，说道："你到底怎么想的呀？都三十岁的人了，给你介绍过好几个了，这也不行，那也不行，你想找什么样的呀？咱就是灰姑娘，别总想着白马王子。"

表妹一听这话，也生气了，说道："我现在就是不想谈恋爱，我都不着急，你操什么心呀？不想见就是不想见，这有什么错吗？干吗非要勉强别人。"

按理说，吴小姐给表妹介绍对象本是一番好意，不管成不成，对方都应当对她说句客气话。可问题是，吴小姐说话太没分寸，出口伤人，伤了表妹的自尊。每个女孩心里都有一个公主梦，被人说成是"灰姑娘"，无疑会觉得自己被贬低了，怎可能不生气？结果，惹得表妹不满，办了一件费力不讨好的事。

很多事就算心里知道，也不该这样直白地说出来。吴小姐当时若是这样说："恋爱这事谁也说不准，也许当时想着对方不太符合心意，可见面了就有感觉呢？见一见不吃亏，万一真的挺合适，就这样错过了怪可惜的，你说对吧？"一方面点出了对方可能心里有个"不可能"的人，另一方面也劝慰别人学会放手，别错过眼前的人，一举两得，说得又恰到好处，对方听了也绝不会那么反感。

明明心里没什么恶意，就是说话没分寸，善意的提醒听起来也会变成嘲讽和数落。

同在小县城长大的两个女孩，一个女孩觉得老在小地方待着，实在有些憋屈，就萌生了到大城市闯一闯的念头。她把自己的心事告诉了另一个女孩，也就是她最好的朋友。

没想到，朋友一听，竟然这样说："在小县城还没什么成就呢，去了大城市更难了！城市里人那么多，比你学历高的、比你有能力的人多了，你怎么能保证出去了就有好的发展？你看看咱们周围出去打工的那些人，有几个飞黄腾达了？有多大的本事干多大的事，你还是好好想想吧！到时候，后悔都来不及。"女孩听后，什么也没说。时隔很久之后，她心里还记着朋友的这番话，就像一个解不开的疙瘩。

每个人都有自己的思想和见解，有自己看问题的独特角度。作为朋友，在这个时候就算不说点鼓励的话，也不该泼冷水，打击别人的积极性。说话不是一个小问题，稍有闪失就可能招惹麻烦，影响交往。在面对各色各样的人时，说话一定要有分寸，切不可太直接，有些事即便心里清楚，也要点到为止。要知道，受人喜欢和惹人厌恶的区别，很多时候就在言语的分寸之间。

用幽默来化解意外的难题

富有幽默感的女人，宛若一个灵动的天使，悲苦时她会带来轻松，欢乐时她足够含蓄，危险时镇静不见，讽刺时不失礼仪。这样的女人，不管在人际关系中遇到怎样的状况，都能够巧妙而漂亮地处理，总会给人以峰回路转、柳暗花明的感觉。

某新书发布会上，年轻的女作家正在为她的言情小说做宣传，台下有不少粉丝追捧，不时地询问一些和新书有关的话题。

原本，现场的氛围很融洽，可随着一个男子的声音的出现，情况顿时发生了变化。陌生男子用不屑的眼神看着女作家，当众走到她跟前，非常无礼地说："你的作品写得不错，不过，请问是谁帮你写的呢？"

发布会的气氛变得紧张起来，场上鸦雀无声，有些读者面面相觑，谁也不知道接下来会发生什么样的事。女作家知道，眼前这个无礼的男士是故意来闹事的，不过她表现得很平和，没有生气，反而面带微笑看着对方，礼貌地回答他的问题："谢谢你对我的作品的夸奖，不过请问，是谁帮你看的呢？”

一句幽默的反问，让那位无礼的男士哑口无言，灰溜溜地离开了会场。女作家在智慧的幽默中，平息了这场无端的是非，赢得了读者的掌声，给人留下睿智机敏的印象。

回顾我们的生活，类似这样的事比比皆是。与人相处时，不可能事事都顺利，也不能要求所有人都对我们笑脸相迎。被他人误解、嘲笑、轻蔑的状况，不知什么时候就会降临。这时候，女人若无法控制自己的情绪，不仅会影响人际关系，还会给自己的生活和工作带来糟糕的影响。所以，遇到意外的情景时，千万不要轻易发怒，一定要学会用幽默的力量控制自己的情绪。

冲突有蓄意的挑衅和无意的冒犯，多数情况下，冲突都是无意引起的，这时候就可以用幽默的、与人为善的方式，对冒犯者进行温和的提醒，借助幽默的友爱之手，化解掉生活中的各种矛盾。

电影院里，一个年轻的女孩摸着黑去卫生间，走到此排座位的最外侧时，她感觉自己好像是踩了别人的脚。当时急着去卫生间，她便没有及时道歉，回到之后才轻轻地对座位外侧的女士说：“刚刚我出去的时候，是不是踩到您的脚了？”

那位女士摆出一副很不耐烦的样子，说：“那还用问吗？”

女孩赶紧说：“噢，那就是这一排了！真对不起，我有严重的近视……我帮您擦擦鞋吧！”

那位女士一听，马上表示没什么，说自己擦就行了。

由此可见，当你不小心冒犯别人的时候，对方在意的也许并不是你是否会赔偿他的损失，而是你认错的态度。如果错的人是你，你诚恳地认错了，用幽默的方式向别人道个歉，让对方感受到你的诚心，多数情况下，对方都会给予大度的谅解。

老舍先生说过：“幽默者的心是成熟的。”幽默，是建立在人对生活的公正、透彻的理解之上的，从某种意义上讲，女人培养自己的幽默感，也是在培养自己的生存、处世和创造能力。心智不够成熟的女人，遇到事情往往会情绪失控，而真正成熟的女人，就算遇到困境和僵局，也会用幽默的言语化解矛盾，让所有的不愉快在笑语中消逝。

某大学的新生寝室里，几个女孩子在争排座次。老三是个心直口快的姑娘，跟老六争执了半天，脱口而出这么一句话："好啦！你排在最末，是咱们寝室里的宝贝疙瘩。你姓汤，以后就叫你'疙瘩汤'了！"说完，寝室里的几个女孩子捧腹大笑。

说者无心，听者有意。老六脸上长了不少的痤疮，这本就是她的"心头病"，每每想起都捶胸顿足，现在被寝室的女孩子拿来做了笑料，她岂能不恼火？

笑过之后，老三意识到自己惹了麻烦，心中懊悔不已。不过，她表面上倒是不急不恼，揽镜自顾道："蜷在两腮分，依在耳翼间，迷人全在一点点。老六啊，我现在可真是'一波未平，一波又起'呀！"

老六听后，不禁哑然失笑，怒火烟消云散。因为，老三长了一脸的雀斑，她那自嘲式的幽默，缓解了刚刚的尴尬气氛。

当然，幽默的道歉也得注意时机，如果对方正在发脾气，丧失了理性，这时候你一定要保持安静，等他慢慢地恢复平静；如果对方谩骂不休，你也不要抱薪救火，否则他会认为你是故意戏弄他。保持冷静，等他情绪冷静了，再用幽默的话调节尴尬的氛围，情况会好很多。

幽默是健康生活的调味品，也是女人处理棘手问题和尴尬状况时的一种办法。超然洒脱的幽默态度，往往会让窘迫尴尬的场面在笑声中消失。静下心来想想：用几句妙趣横生的言辞，就能化干戈为玉帛，使剑拔弩张变成过眼云烟，避免“针尖对麦芒”的交锋，又何必非要与人为了一点点冲突闹得彼此都不愉快呢？平和，才是女人最美的样子。

说「糊涂」话绕开尴尬

相传，宙斯命令珀尔修斯去捕杀精明的魔女墨杜萨。墨杜萨为了逃过珀尔修斯的慧眼，摇身一变，化作了他的爱妻安德洛美达，招摇于市井之间。珀尔修斯故意装傻，人魔为亲，把家里最好的宝物告诉了墨杜萨，还不停地说自己耳聋眼花，难以担当大任了。

第二天，墨杜萨悄悄地潜入珀尔修斯的庭院，想要盗取宝物。珀尔修斯假装午睡，故意装作什么都不知道的样子。墨杜萨以为自己得逞了，却不知道她其实早已经落入了用糊涂编织的包围圈。

宙斯见此情景，脑海中第一次形成了糊涂亦为智的概念。后来，他把珀尔修斯称为英雄的仙子，还把他列为星座。

故事的寓意简单明了：假糊涂才是真聪明。不是原则性的大是大非，就不必斤斤计较，争个清楚明白；同样，在人际交往中，很多时候说话也不可太过明白真实，尤其是遇到那些容易产生分歧或是难以回答的问题，用含糊的语言或是假装糊涂的方式回答，就可以巧妙地从困境中解脱，避免尴尬。

基辛格博士曾经担任美国安全特别助理和国务卿，是一位幽默睿智的外交家，善于应对那些重要的场面。1972年5月，他跟随尼克松访苏结束后，就前往德黑兰做短暂的停留。抵达德黑兰的那天晚上，伊朗首相邀请了基辛格去看舞女帕莎的演出。帕莎的舞艺十分了得，基辛格看得出了神，演出结束后，他还跟帕莎交谈了许久，之后才回到住所。

第二天，在总统的座机上，开始有人就基辛格和帕莎的交谈之事做文章。美国《纽约时报》的一位记者向基辛格打趣："你喜欢帕莎吗？"面对如此唐突而不怀好意的戏弄，一般人肯定会觉得很尴尬，不过，基辛格显得很从容，他一本正经地说："她是个媚人的姑娘，对外交事务很感兴趣。"这位记者会意错了，继续追问："是真的吗？"基辛格严肃地解释："这还有假？我们一起讨论了限制战略武器的方案，我还花费了很长时间给她解释，如何把导弹安装在一级潜艇上。"听到这里，记者才知道自己上当了。

对方既然提问，就理应回答，至于如何迂回地达到躲闪、回避别人问话的目的，就是一种智慧了。既不会让对方显得太难看，又维护自己不能说、不便说的原则，真则假之，假则真之，正话反说，反话正说，让对方被迷惑，而后体面地从尴尬中抽身，这就是基辛格所用的佯装糊涂之法。

谁都知道，拒绝人不是一件容易的事。相信不少女人都曾遇到过"借钱"的难题：朋友开口向你借钱，而你手头也不富裕，或是有其他的打算，看着朋友诚恳的样子，一时间不知道怎样答复。为了避免两个人都尴尬，或者因此闹得不愉快，此时完全可以试试模糊语言。

朋友急于凑房子的首付向丽娜借钱，丽娜当时不太想借给朋友，一是家里装修需要用钱，二则有一部分钱是定期存款，她不想提前支取。她对朋友说："我现在手头没什么富余，好在有一套房子出租着呢，只是得过几个月才能收到今年的租金，那样的话才有富余的钱借给你，你看行吗？”

丽娜的一番话说得很漂亮，没有说不借，也没有说马上借，而是说明了自己的苦衷和缘由，字里行间透露着这样的信息：我暂时没有多余的钱，一时间拿不出来；我也不是富贵之人，就靠收点房租维持生计，我在尽自己的能力帮你；过几个月再来拿，也没有说出明确的时间，到时候是否借不借，也是未知。其实，丽娜明知道朋友急着买房，而且差的钱也不是很多，显然不可能等上几个月。

朋友听丽娜这么说，心里自然也明白了，可人家说得合情合理，他也没什么怨言。毕竟，丽娜没说不帮自己，只是需要等一等，借钱虽然没有成功，可至少彼此的情面还在，他也没有去怨恨丽娜。

有时，你可能心里明白一件事的来龙去脉，却不好意思直言，怕伤害对方的自尊，影响彼此的关系。对于这样的情况，一样可以用装糊涂的方式来解决。

某学校的一位物理老师，在一次课后发现实验室里丢了几面凸透镜。课后，她偶然间发现有几个调皮的男孩拿着凸透镜在阳光下玩，而凸透镜上的标签更让她肯定，那就是实验室里丢的那几面。

学生们和她四目相对时，神情显得很慌张，她知道如果这时直接说出实情，会伤害几个孩子的自尊心，毕竟这也算是“偷窃”的行为。女老师很聪明，她故作糊涂地说：“谢谢你们啊！昨天我在实验室准备实验，发现少了几面凸透镜，我想是搬迁的过程中丢了。我沿途找了好几遍都没找到，谢谢你们啊！这样吧，你们继续做实验，下午把它们给我送到实验室就行了。”

下午，学生们主动把凸透镜还了回去，从此对女物理老师也变得更加尊重了。在她的课上，原本调皮的学生竟也听话多了。女老师心里明白，这都是因为她为几个学生摆脱了尴尬，照顾他们自尊心的结果。

许多时候，揣着明白装糊涂，是一种人情的练达。人生数十年，女人会遇到各种难堪的情境，在这样的场合下，少点斤斤计较，多点宽容大度，做出退却的姿态，说两句“糊涂话”，既能保护自己，也能成全他人，留下更多的时间去享受人生。

直来直去不都是好事

同样一件事，同样的意思，从不同的女人嘴里说出来，效果也可能大相径庭。这也是为什么，有些女人总能成为受人瞩目的焦点，有些女人却总是被人避而远之，两者的差距在于，一个深谙人心会说话，一个自顾自说、很少考虑别人的感受。

有些话直直白白地说出来，道理虽解释得清楚，听起来却很刺耳，无意间就会伤害到他人，遇到脾气火暴的人，还可能发生口角，招惹不必要的麻烦。如若换一种委婉的方式来表达，把那些生硬而直接的话间接地说出来，让听者领悟出你“藏”起来的那层意思，不仅给对方留足了面子，还能体现个人的修养和友好的态度。

在一次新闻界的餐会上，一位女政要应邀发表言论。她说：“大家都知道，我是个不善言辞的人。小时候，我曾经去拜访过一位农民，我问他：‘你的母牛是不是纯种的？’他说不知道。我又问：‘这头牛每个星期能挤出多少牛奶？’他也说不知道。最后，他被我问烦了，直接说：‘你问的我都不知道，反正这头牛很老实，只要有奶，他都会给你。’”

大家一头雾水，全然不知道女政要讲这个故事想说明什么。这时，女政要笑了笑，话锋一转，对在场的新闻界人士说：“我也像那头牛一样老实，只要有新闻，一定都会给大家。”

在那样的特殊场合里，言行稍有不慎，就可能造成不好的社会舆论。幸好，女政要用了一种风趣的方式，饶个弯儿提醒了在座的新闻界朋友，不要一直追着我问，如果我知道什么消息，自然会告诉你们。用故事来隐喻自己想说的话，不失为一种绝妙的说话艺术。

身为普通女人，虽很少有机会出席这样的大场合，也不必像女政要这般谨小慎微，但在说话这件事上，仍然要考虑到他人的合理需求，照顾别人的面子。做人可以直率，说话却不可以太直接，千万不要觉得，绕弯子、兜圈子太浪费时间，记得有位哲人说过一句话：“两点之间最短的距离并不一定是直线。”平面上，两点之间直线最短，而在现实生活中，更多的时候，却是“曲线”最短。

一辆公交车进站后，一位抱着孩子的女士随着拥挤的人群涌了上来。此时，车上早已经没有了座位，就连站着都显得有些拥挤。售票员对车厢里的乘客们说：“哪位同志给这位抱小孩的女士让个座位？”一连喊了几遍，都没有人回应。

售票员知道，继续这样说下去，也没什么意义。她站起来，用期待的目光朝着靠窗口的几位年轻人看去，故意说道：“抱小孩的女士，您往里面走走，靠窗户的几位年轻人都想给您让座呢！您先过去。”售票员的话音刚落，靠窗的两三个年轻人都自觉地站了起来，想要给那位女士让座。

抱小孩的女士坐下后，只顾得喘气定神，忘了对给自己让座的年轻人道谢，售票员看得出来，让座的年轻女孩的表情有些不悦。售票员连忙打圆场，逗着女士怀里的小孩说：“小朋友，阿姨给你让座了，快谢谢阿姨。”这句话点醒了孩子的妈妈，她连忙拉着孩子说：“快，谢谢阿姨。”孩子用稚嫩的声音道了谢，让座的年轻女孩笑着回应：“不客气。”

售票员说的话，无非就是希望“让年轻人给抱小孩的乘客让座”“让抱小孩的乘客向让座的同志道谢”，如果是以命令的口吻去说这样的话，绝不可能达到后来的效果。毕竟，没有人愿意听别人下命令，也没有人愿意当众被人指责不懂礼貌、修养不够。换一种口吻，用暗示的方式来点醒对方，巧妙地向对方发出某种信息，以此来影响对方的心理，让其不自觉地接受一定的意见，改变行为，才是最恰当、最可取的说话之道。

遇到一些意外的情况，特别是直言说出实情会引发激烈的争论或是危险时，更要把握好话语的分寸。千万别小看一句话的力量，它可能让危险一触即发，也可能化干戈为玉帛。

美国20世纪30年代时，正赶上经济大萧条时期，不少人都面临着失业的噩梦。一位十七岁的女孩，幸运地找到了在一家珠宝店做售货员的工作，对此她很珍惜。

那天，店里来了一位衣衫褴褛的年轻人，满脸愁容，双眼紧紧盯着那些钻石珠宝。突然间，店里的电话铃响了，女孩连忙去接电话，也许是太过慌张了，她不小心碰翻了一个碟子，里面有六枚宝石戒指掉在地上。女孩连忙低头去捡，结果只找到了其中的五枚，第六枚怎么也找不见了。这时，女孩留意到，刚刚站在柜台旁边的年轻人正慌张地朝门口走去，她立刻知道是怎么一回事了。

就在年轻人走到门口时，女孩叫住了他：“对不起，先生！”

年轻人紧张地看着女孩，问：“什么事？”

女孩看着他抽搐的脸，一时间没有说话。年轻人又问：“什么事？”

女孩神色黯然地说：“先生，这是我的第一份工作。您也知道，现在找一份工作很难，对不对？”年轻人看着她，点头答道：“没错，是的。”

女孩说：“如果你是我，也会做得很不错！”

终于，年轻人走到女孩面前，将手伸向她，说：“我可以祝福你吗？”

女孩也伸出手来，两个人的双手紧握在一起，女孩真诚地说了一句：“祝你好运。”

等到年轻人转身走了，女孩走回柜台，把手里握着的第六玫戒指放回了原处。

很显然，这是一桩盗窃案。如果女孩大呼小叫，让所有的人都知道那位年轻人偷了东西，年轻人在情急之下会做出怎样的举动，谁也不知道。说不定，女孩还可能因此受到伤害。聪明的她，用彬彬有礼和寻求理解的暗示，保住了年轻人的尊严和面子，也给了他体面地改正错误的机会。这样的处理办法，显然把对彼此的伤害都降到了最低。

为人处世要尽量与人为善，切忌处处结怨。学会绕个弯儿说话，让人体面地“下台阶”，也是为善的一种。一个女人若懂得处处维护别人的自尊心，在言语上给人留面子，把刺耳的话说得悦耳，生活和工作都会减少许多麻烦。

舌吐芬芳才能游刃职场

从服装学院毕业后，乔娜顺利地进入一家设计公司。公司对乔娜的能力很满意，尤其是她在设计方面的天赋，更是令人惊叹。可即便如此，乔娜的职场路走得并不顺利，才过了试用期，主管就辞退了她。

乔娜性子火暴，非要主管给她一个理由。主管很无奈，说道：“很抱歉，虽然你的工作能力和表现大家有目共睹，可你应该知道，我们是一个团队，不是个人作战。公司需要的不仅仅是一个设计天才，还需要一个优秀的设计团队。你影响了公司团队的整体性，统筹全局，我只能做出这样的决定。”

原来，乔娜在公司上班期间，与同事相处得很糟糕。虽然她是个新人，可依仗着自己的工作能力，总是摆出一脸不屑的样子。每次同事之间进行工作沟通，她就用居高临下的语气说话，全然把自己当成主管，根本不理会别人的感受。工作上有分歧本是常事，可乔娜非要别人同意自己的观点，如若有反对声，她就不依不饶，咄咄逼人。之后，不少人跟主管反应，无法跟乔娜合作，甚至提出要辞职。为了保全大局，主管也只能选择辞退乔娜，保留现在的团队。

现代职场上流传着这样一句话："是人才不一定有口才，但是有口才的一定是人才。"乔娜是个设计人才，可因为不会说话，弄得人际关系一塌糊涂，最后还丢了工作。可见，对于职场女人来说，会不会说话直接影响到自身事业的发展。

与乔娜相比，那些口绽莲花、开口就能打动人心的女人，也许能力上不是最优等的，可是靠着一张巧嘴、一副亲和的面孔，她们在事业上的发展之路，往往会顺当很多。

办公室里人多嘴杂，涉及利益问题容易滋生是非，一定要谨言慎行。这条潜规则，是王慧在初入职场时，表姐千叮咛万嘱咐的。所以，刚到公司时的王慧就像是一只胆怯的小鹿，唯唯诺诺不敢多说话，生怕一不留神说错了话，得罪了人。

然而，时间长了，王慧发现自己似乎被孤立了。办公室里的同事对她很冷淡，别人有说有笑的，只有自己插不上嘴。每天在压抑的环境里工作，王慧心里很不舒服，她很不喜欢这种一直被视为"外人"的感觉。更让她郁闷的是，来公司半年多了，她就是一个可有可无的小职员，似乎随便来一个新人就能把她顶替，这种危机感更让她萌生了一种想要改变的决心。

王慧本身不善言谈，可是半年来在公司里耳濡目染，她总结出一条规律：想要在事业上平步青云有发展，仅仅会做事还不够，还得会说话。至少，你做了什么得让人知道，闷头拉车的老黄牛，永远不会成为众人喜欢的对象。

为了改变自己的个性，她参加了一个口才训练班，不知情的朋友嘲笑她："你还不如拿着钱去美容呢！说话还需要学吗？"王慧笑而不语，她相信自己的投入不会石沉大海。

转变不是一蹴而就的，可在循序渐进中，王慧已经欣喜地感受到了自己从内至外的变化。每天早上起床后，她都会告诉自己，要开心，要阳光，要让口才成为征服别人的资本。她不再像以前那样上班下班、冷言冷语，麻木地只剩下躯壳。在公司里，她会试着跟见到的每一个人热情地打招呼。

吴秘书脸上的表情仿佛永远是阴云，王慧落落大方地笑着打招呼："早上好，吴秘书，今天更漂亮了。"吴秘书也淡淡地开口道："彼此彼此。"王慧马上补充说道："还是吴秘书略胜一筹，若是再多笑一笑，就更加迷人了。"吴秘书开心地离去了，嘴角微微上扬。博得冷美人一笑，王慧的心里不由得涌起了一股成就感。

采购的小李是个帅气的小伙子，总是一副风风火火的样子。有事要向小李请教时，王慧总是微笑着先夸奖对方一番："小李哥，最近又帅气啦！"小李是个爱美的小伙，平时最爱别人夸赞自己的外貌，尤其是喜欢女人对他的追捧。听到王慧的"甜言蜜语"，追问道："是吗？我怎么没有发现呢，跟以前有什么变化吗？"

王慧趁机请教自己的疑惑，说："你先帮我解决掉这个问题，我就告诉你。"之后，转身跟小李开个玩笑，说："你的头发又长了，哈哈。"小李摇摇头，说："你什么时候也变得这么油嘴滑舌了？"话虽这么说，可他心里并不反感，而是觉得王慧比从前好相处了。

不只是同事，就连扫地的阿姨都喜欢王慧。王慧从不会冷冷地对阿姨说哪里需要打扫、哪里需要注意，她会温柔地提醒阿姨："别让自己太累了，我可以帮忙把某某地方打扫干净。"阿姨知道王慧很忙，也不会让她帮忙，可她的热情让阿姨很感动，经常跟公司的领导说："王慧这姑娘不错，做事勤快，还知道心疼人。"

这样的声音听得多了，领导也开始留意王慧的言行举止。事实证明，她确实在工作上很主动，而且跟周围同事的关系也很好，说话做事都很稳妥。待公司有内部提拔的机会时，领导第一时间把王慧的名字列在了候选人的名单上。

石油大王洛克菲勒说过这样一番话：“如果人际沟通能力也是一种商品，就像糖和咖啡一样，那么无论付出多么昂贵的价格，我都会去获取这种能力。”著名的演讲家汤姆士也曾说过：“能言善辩的人，往往受人尊敬、受人爱戴、得人拥护。”

在职场中，轻蔑粗鲁使人感到受侮辱，骄横孤傲遭人鄙视，粗暴焦虑使人反感，唯独“甜言蜜语”最能打动人心。然而，会说话并不等同于阿谀奉承，它体现的是一种尊重、一种礼貌、一种智慧。这个世界其实就是心的世界，当女人学会用“甜言蜜语”温暖别人时，就会少碰壁、少走弯路，即使偶遇风浪，也会有人助你渡过难关。

什么话都要心平气和地说

世间最温暖的莫过于贴心之话，世间最冰冷的莫过于伤人之言。在这个浮躁的年代，心平气和地沟通变得越来越难，愉悦的家庭氛围也离生活越来越远。面对名利地位、财富欲望的诱惑，太多女人显得不够淡定，心里只想着生活能一夜之间得到改善，而对丈夫的态度除了埋怨就是数落，不管遇到大事小事，从未想过坐下来好好谈一谈。似乎，在她们眼里，夫妻间已经太过熟悉和了解，不需要再沟通；在她们心里，认定了丈夫就“这样”，改变不了。

阿波是一家广告公司的创意文案，每天的工作压力非常大，即便下了班，他的脑子也会不停地想那些没有敲定的方案。妻子不太理解阿波的工作性质，她满脑子想的是：“我每天这么辛苦，你却一句安慰的话都没有。”看到阿波苦思冥想的样子，她总是说：“你累得倒挺像一个成功人士，赚得还不如快递员多。”

她心里嫌弃阿波没有给自己足够的关心，可话说出来，完全不是想要表达的意思。阿波听了这样的话，自然很恼火，他想的是：“我容易吗？累成这样，还不是为了这个家！”好几次，他们都因为这事争吵不休。

渐渐地，阿波宁愿在办公室加班，也不想回家，有时甚至好几天都不回家。妻子打电话给阿波，言语里没有任何关心，有的还是质问和指责，说他整天不着家，不负责任。这样的吵吵闹闹，弄得阿波疲惫不堪，工作效率也直线下降。毕竟，动脑子的活儿，需要的就是一个安静的环境，还有一颗平和的心。

最后，阿波实在受不了吵闹的日子，向妻子提出分居。他不忍直接说离婚，因为他心里对妻子还有爱，只是他真的不知道，这段婚姻路该用什么样的方式继续走下去。

夫妻之间的一句话，可能引起争吵，也可能促成和好；可能会锥心刺痛，也可能满心欢喜。阿波为事业辛苦忙碌，妻子没说过一句鼓励和支持的话，反倒是挑剔他、挤兑他，相信任凭是谁，也受不了爱人这样的冷嘲热讽。一段婚姻走到了分居的地步，并没有情感上的特殊矛盾，完全就是因为“话不投机”。

经营婚姻不是一件容易的事，与爱人沟通、提建议也要讲方法。就拿阿波的问题来讲，用温柔的语调告诉他：“看你这么辛苦，我真担心你把身体熬坏了。虽然我知道你是个上进要强的人，可我更喜欢有一个健康、每天笑呵呵的丈夫。”这番话，听起来肯定要比“你还不如快递员赚得多”舒服得多。更重要的是，这种平和而有力量的支持，也会给他的工作注入激情，让他没有后顾之忧。其实，男人都是很聪明的，你的关爱和提醒，他会记在心上，你对他的好，也会让他不忍心冷落你。

艾米结婚快十年了，有个可爱的女儿，物质生活上也挺富足，唯一让她苦恼的就是，丈夫总是忙于工作，有时连续几天住在公司，电话也不打一个。艾米曾经多次提醒丈夫，多给家里打打电话，可丈夫老是拿没时间作为理由。

一天晚上，艾米吃过晚饭后带着孩子去小区附近的健身场玩，故意没给丈夫留晚饭，还把手机丢在家里。等到她回家时，看见丈夫的公文包在沙发上，人却没在。过了一会儿，丈夫回来了，气急败坏地冲着艾米喊："你去哪儿了？电话也打不通。我以为你们出什么事了。"

艾米心里很得意，却装得很不在意，答道："你也知道着急啊？你经常不接电话，让我找不到。我难道就不担心吗？"丈夫听后，一句话也没说。见此情形，艾米又缓和语气，说："我知道，你事业心重，这一点我也挺欣赏你的。可你再拼，也要处理好事业和家庭的关系。工作之余，你能多陪陪我跟孩子，我们的生活会更好，我也会把'贤内助'做得更好。"

那次谈话以后，丈夫确实改变了许多。

艾米故意设计了一个"局"，没有大发雷霆地吵闹，却让丈夫体会到了自己平日里的感受，改善了夫妻间的关系。相比之下，那些指着丈夫抱怨了一辈子却还得与之共同生活的女人，显然是不够聪明。很多时候，试着改变一下说话的方式，变换一个字眼，就能让表达的意思迥然不同。

美国西雅图葛特曼研究院创建者、《婚姻美满的7条准则》一书的作者、哲学博士约翰葛特曼认为：轻蔑会加快婚姻的崩溃。感情不和的夫妻之间，最明显的征兆之一就是，不管丈夫说什么，妻子总是不屑一顾，或是面带挖苦地说："就知道你会这么说。"虽然没有直接责难，却等于在用另一种方式说丈夫愚蠢。所以，这样的话坚决不能说。你可以试着，语气真诚一些，考虑丈夫的感受，然后表明你希望他怎么做，以此解决问题。

对他有什么不满的地方，别列出一大堆抱怨和委屈的清单，要强调他的行为带给你的感受，而且一次沟通只谈一个问题，比如："我想跟你说，你每天下班只顾着打游戏，我觉得挺难受的。"这样说势必比"我真受不了你了"要好得多。另外，说话时不要用"总是"或者"从不"这样的字眼，要知道这些字眼出现时，丈夫是不可能和你进行正常交流的，因为它表示着全盘否定，意味着责任全在于对方，而与你没有任何关系。

最后一点，别吝啬对丈夫的肯定和感激，这会让他乐意继续坚持下去。幸福的夫妻深谙彼此欣赏的重要性，他们会经常互相赞美，哪怕是细枝末节的地方，也不忘说声"谢谢"。夫妻相处时，把爱、尊重、理解、包容时刻融在话语中，几乎所有问题都能够得以回避和改善，这样一来，婚姻关系也能日趋完美。

Chapter 5

当人生遇到羁绊，勇敢地对生命说“是”

做一个高逆商的女人

闹市街头的一家按摩院里，客人络绎不绝，他们都是冲着那位技艺精湛、性格随和的店长去的。平日里，大家都亲切地称呼她丽姐。

丽姐如今四十几岁，两只眼睛的视力都很差，需要距离很近才能看到东西。不过，她保养得很好，一头乌黑的秀发，白皙细致的皮肤，苗条紧致的身材，也算得上是一个漂亮的女人。正因为此，不少熟络的客人都感慨：这要是眼睛没毛病，该多好呀！每次听到这样的话，丽姐都不曾流露出遗憾的表情，只是平和地一笑，调侃着说："要是我眼睛能看到，说不定就没有这家店了，您也就不认识我了。"

后来，丽姐的店面扩大，招来了一个和她情况相近的女孩。她比丽姐幸运，右眼是完好的，但女孩总是闷闷不乐，偶尔说起自己意外受伤的事，还会掉眼泪。丽姐明白她的心情，自己年轻时也有过这样一段经历，她决定抽时间好好开导一下女孩。

那天下午，店里没什么客人，丽姐从桌子上拿出一张白纸，问女孩："你觉得，这张纸有几种命运？"女孩一时愣住了，不知道丽姐为什么会这样问，便摇摇头，说不知道。

丽姐把纸扔在地上，踩了几脚，又问："你说，这张纸有几种命运？"女孩说："现在，它变成废纸了。"丽姐不置可否，弯腰捡起那张纸，把她撕成两半后又扔在地上，再次问了同样的问题。

女孩实在被弄糊涂了，不知道丽姐到底要干吗，只好说："现在变成了两张废纸。"丽姐不动声色地捡起那被撕成两半的纸，紧贴着那张纸，认真地画了几笔，勾勒出一个人形，一边画一边说："我以前学过素描的，现在眼睛不行了，但还是能凭感觉画几笔。"女孩看到，刚刚被踩的那个脚印，变成了素描少女裙子上的褶皱。

这时，丽姐问她："现在你觉得，这张纸的命运是什么？"女孩没说话，呆呆地看着那张纸。丽姐拉起她的手，说，"你赋予这张废纸希望，它就有了价值，甚至能够起死回生。一张纸是这样，一个人也是这样啊！"

那个下午，丽姐和女孩聊了很多。从自己的少女时代一直讲到现在，包括自己生病的历程，和心理上的蜕变。女孩听得红了眼圈，她才晓得，这个外表看起来那么乐观、那么美丽的女人，原来是历经了多少不眠夜、流过多少眼泪，才有了现在的模样。丽姐的存在，让她彻底领悟了一条生存之道：当生命遇到羁绊，要勇敢地对生命说"是"。

许多时候，我们都无法选择生活的境遇，也无法预知生命的遭遇，但若遇见了，就只能靠自己去调整心态。美国作家马克·吐温曾说："人生在世，必须善处逆境，万不可浪费时间在烦恼上，做无益的挣扎，最好还是平心静气地去办事，想出补救的办法来。"法国哲学家卢梭也说："一个真正了解幸福的人，无论什么样的打击都无法使他潦倒。"

一位被丈夫抛弃而割腕的女人，最终选择了勇敢地面对自己“淋漓”的伤口。她说：“从绝望中醒来，看到洒在窗前的阳光，我的心顿时就亮了。他值得我这样吗？不值！我就像凤凰一样，重获了新生。”之后，她用母爱全身心地照料女儿，日子过得有滋有味。她的心苦过，可是勇敢让这份苦找到了出口。

一位双亲惨遭不测的女孩，忍着眼泪，坚强地活着。她说：“我不是不想崩溃，不是不想痛哭，只是哭过之后，还要自己重新整理心情，现实中有谁能够每时每刻在你身边为你擦眼泪？”她把痛苦压在心底，像所有不谙世事的女孩那样，挂着笑容出现在家人和朋友面前，出现在公司里，不知情的人，根本想象不出她的遭遇。若说没有伤心，那是自欺欺人，她的心每天都像是被刀割，而她每天都在不断地缝合着伤口，她用微笑释放着痛苦，她在坚强中等待着记忆的冲刷。

英国诗人斯特朗写过一首优美的小诗——

别难受，当厄运对你拉长了脸，凭眼前的一切并不就能得出结论啊！假如你愿意等待，怀抱着信念，你将得到应有的回答，给生活以时间，放出你看不见的命运之线。一切努力都为了追求那事物内在美的实现，千万别丢了理想、丢了信念。要坚信，一切都是为了更美好的未来。别催促上帝的安排，给生活以时间，去把理想实现。

在这个浮躁而充满变数的时代里，或许它值得每个女人收藏在心灵深处，不时地提醒自己，营造美丽的心态，活出美丽的自己，在风雨降临的时候，静静地为自己撑一把伞，等待着风雨过后那道夺目的彩虹。

人生不会苦一辈子

数年前，在一家大型商场里，一个囊中羞涩的母亲带着四岁的女儿到处闲逛。她们走到一家快照摄影机旁，小女孩拉着母亲的手说：“妈妈，我也想照一张相。”母亲弯下腰，拢了拢女儿额前的头发，温柔地说：“等给你买了新衣服，再照相好吗？你的衣服太旧了。”小女孩紧闭着双唇，沉默了一会儿，而后用天真无邪的眼睛看着母亲，说道：“没关系，妈妈，我会微笑的。”

听到女儿的话，母亲心里突然涌起了一股力量。多少年了，她为自己的穿着打扮自卑过，为自己窘迫的生活懊恼过，今天女儿说的“我会微笑的”，深深地触动了她的心。她昂起头，和女儿一起朝着摄影师走去。那张照片，后来一直放在她的钱夹里。

多年后，她的生活已经变了一番模样，女儿也已经长大，可是，那张照片还在。对她而言，那不仅仅是一张普通的相片，而是穿得再破旧、过得再艰辛，纵然一无所有，却还可以坦然从容地面带微笑，用热情和爱拥抱生活。

对于女人而言，漫漫长路，是优雅从容地走过去，还是被压抑和脾气控制情绪，远离幸福，全在一念之间。所以，举步维艰的时候，给自己一个微笑，让阴暗的心情晒晒太阳；遭受委屈的时候，给自己一个微笑，让豁达和宽容冲走所有的阴郁。微笑是一种勇敢，带着自己走向远方、走向未来。

微笑，是世间最美的表情，也是生命最美的姿态。

非洲的一座火山爆发后，泥石流疯狂不止地一泻而下，迅速流向坐落在山脚下不远处的一个村庄。农田、家舍、树木，一切的一切都没能躲过被摧毁的劫难。滚滚而来的泥石流，惊醒了一个十四岁女孩的美梦，流进屋子里的泥石流已经到了她的颈部，她只能露出头部、颈部和双臂。

救援人员很快赶到了，看着小女孩的情势，一筹莫展。对于已经遍体鳞伤的她来说，每一次的拉扯都是更大的肉体伤害。此时，房屋已经倒塌了，挚爱的父母也永远地离她而去。她是村庄里为数不多的幸存者之一。

前线记者把摄像机对准她，她始终没有说一个“疼”字，而是咬着牙微笑，不停地向救援人员挥手致谢，两个手臂做出表示胜利的“V”字形。她相信，救援部队一定能够顺利顺利地救她。可是，泥石流固若金汤，营救人员想尽办法，依然无可奈何。小女孩始终在那里挥着手，直到身体被泥石流一点一点地吞没。

在生命的最后一刻，她的脸上没有一丝痛苦和失望，她依然洋溢着微笑，手臂一直保持着“V”字形。那一刻仿佛延伸了一个世纪，在场的人，有的湿润了眼眶，有的早已泪流满面，他们亲眼目睹了这庄严而悲惨的一幕，心里充满了悲伤。

那一刻，世界安静极了，只见灵魂独舞。

穿透灵魂的微笑，在生命边缘蕴含着震撼世界的力量，让人生所有的苦难如轻烟一般飘散。死神可以夺去豆蔻年华的生命，却永远夺不去生死关头那一抹微笑，那个“V”字所蕴含的精神。虽是一名年少如花的女子，可她的内心是多么淡然、多么强大。

当生命里的厄运降临，当它夺走你挚爱的一切，请想想那个十四岁的姑娘，想想她的脸庞，她的“V”字形手势。像她那样，微笑着接纳美好的、不美好的结局。真正的淡定与强大，是温和从容、淡定如菊、笑靥如花，用一抹微笑从容地回应生活的磨难，用柔弱的双肩毅然地扛起沉重的悲伤，坚信人生会苦一阵子，却不会苦一辈子。对待生活，任尔狂风骤雨，我自闲庭信步，用一颗坚强的心去迎接风雨，不困苦中失了自己的美丽和姿态。

作为女人，当知道世上有一种美叫作“风霜洗过铅华，芳香永驻”。岁月能使美貌消逝，却不能将灵魂毁灭；岁月能改变心境，却无法剥夺你追求幸福的权利。

我们都比想象中坚强

有人说，如果哭泣时没有肩膀依靠，那就仰起头，只有自己强大，才不会被别人践踏。

三十多岁，有家有室，正是为了生活迎头上进的时候。可是，命运多舛，她以为脑血栓这样的疾病只属于年老的人，却没想到它在不经意间就降临在自己身上，以至于落下了半身不遂的毛病。

刚得病的那两年，丈夫对她还算不错，方方面面照顾得都很周全，时常安慰她，给她宽心。她知道，丈夫期待着她有朝一日还能变回从前的样子，可最终这个幻想破灭了。他也终于明白，她无论经过怎样的医治和康复训练，都不可能“完好如初”，而后便心灰意冷。

当一个人的心凉了，随之而来的就是什么都不在乎了。很快她就发现，丈夫的言行间多了几分不耐烦。她不忍心责怪，只觉是自己拖累了他，但凡力所能及的事，她都不轻易开口求他。即便如此，这段婚姻还是没能保住。九岁的女儿乖巧懂事，坚决要跟着她，理由是：“妈妈需要人照顾。”

患病之前，她在小城里经营着一间裁缝铺，那时的她，心灵手巧，平静亲和。仿佛只在顷刻之间，一切都变了，昔日里热闹的铺子里，如今变得萧条冷淡。多年前，她为爱、为了他，来到这里，而今他离开了，她再无依靠，残酷的现实容不得她自怨自艾、慢慢疗伤，为了自己和女儿，她必须重新站起来。

很快，她低价转让了裁缝铺里的东西，而后联系了代理福彩销售的生意。洗衣服、做饭、操作电脑，原本都是得心应手的事，现在每一件事做起来都很费劲。摔坏东西、烫了手、打错字，成了家常便饭。偶尔，她也懊恼，也会哭，怨恨老天让自己年纪轻轻就患了这样的病。可哀怨无用，除了坚强，她别无选择。

那几年的日子，真的不堪回首。她以为自己挺不住，可就在N次咬着牙、流着泪扛下所有艰辛之后，一切都过来了。现在，她依然是一个人带着女儿，生活却已经全然不同，曾经的绝望与痛苦，都已化作了坚韧和勇敢。

人生充满了变数，太多无法预知的事情，会在你没有防备的时候悄悄降临。没有谁能保证始终如一地陪伴在你身边，没有谁能保证在你难过的时候有人会给你安慰，也没有谁能保证在你陷入低谷时能给你一双有力的手。突如其来的变化，可能会把现在拥有的一切夺去，可能注定要剩下你一个人，走一段陌生的路。

但，真的不要仅仅因为你是女子，就畏惧、退缩、绝望、颓废。很多时候，你比自己想象中要坚强。当生命没有打算放弃你的时候，就不要轻易地放弃生活。许多暂时的痛苦和艰难，只不过在当时的一瞬间被无限放大，甚至大过了头顶的一片天，可当你咬着牙挺过去，再回头看时，一切都是过眼云烟。

半年前，凌子经历了人生中的一场“浩劫”：一向奔着结婚去的感情，毫无征兆地宣告结束；事业出现了前所未有的危机，弄得焦头烂额；身体也在关键时刻掉了链子……身心上的疲惫和痛苦，让她顿时对生活失去希望，觉得自己倒霉透顶。

就在那段日子，一个失去联系已久的朋友，突然从大洋彼岸给凌子打来电话，告知结婚的消息。朋友的幸福，没有加重凌子的凄凉感，反倒把她从阴霾中拉了出来。三年前，朋友被前夫骗走了房产，多年的存款也被席卷一空，可想而知，一个付出了所有热情与爱，却闹得人财两空的女人，该是怎样的绝望！周围的人都劝她，打官司，夺回自己的一切，可她悄无声息地离开了众人的视线，远渡重洋，之后音信全无。

之后，凌子也打听过她的消息，却都没有结果。谁想到，三年后，朋友竟会主动打电话来。听她的声音，感觉很年轻、很活泼，朋友还兴奋地告诉凌子，她即将拿到MBA学位。

凌子并未提及自己的遭遇，她只是想起，朋友在人生最暗淡的日子，一边擦着眼泪，一边握着她的手，说："凌子，你知道吗？当你走到了悬崖边，只要不跳下去，不管往哪个方向走，都有生的可能。"

朋友的出现，宛若一盏明灯，在晦暗的日子里照亮了凌子的心。她知道，自己所经历的痛苦，也许是别人曾经经历过的，也许是别人未来可能要面对的。每个女人都不免会经历这段岁月，就像失恋与分娩的疼痛感一样，真正轮到你时，就看你是否有足够的勇气和信心去承担。而今，既然已经走到了这一步，怨恨谁都于事无补，真正能救赎自己的，唯有坚强。

有时，你可能脆弱得一句话就泪流满面；可有时，选择了坚强，你也会发现自己咬着牙走过了很长的路。如果你不坚强，谁也帮不了你，因为再伟大的情感也不可能强大于你的内心世界。唯有自己撑起的天空，才会映出幸福的彩虹。

伤口处开出的是花

她的书架上摆放着一摞摞的书，那是她挚爱的伙伴。她说，自己最喜欢的两本书莫过于美国作家露易丝·海的《生命的重建》和史铁生的《我与地坛》，她读了很多遍。

知情的人都懂得，人在孤单脆弱的时候，总是希望能够遇到一些“同伴”。她之所以对这两本书情有独钟，与其作者的经历和人生理念是分不开的，他们的人生，他们的故事，他们的文字，给了她力量。

就像露易丝·海，美国最负盛名的心灵导师，她的个人思想全部是在她痛苦的成长过程中逐渐形成的。她有过飘摇穷困的童年，父母离异，五岁时遭强暴，少年时代一直受到凌辱和虐待。后来，她逃到纽约，历经坎坷，做了一名时装模特，嫁给一个富商，十四年后却又被丈夫遗弃。经历了这一切后，癌症又找上了她。面对身心上的种种灾难，她选择了坚强，创作了《治愈你的身体》《生命的重建》等代表作，用自己的经历，帮助了千万人。

对她来说，生命也正在经历着一场重建。

她的人生，在二十九岁之前，平平常常，一切都还算顺利。读书，毕业，工作，结婚，顺理成章，过着平淡却很幸福的小日子。可是，谁也没想到，那一场突如其来的车祸，却在她保住了几个学生时，断送了自己的双腿。事情已经传出，她的名字——张丽莉，轰动了全国，人们说她是“最美的女教师”。

出事后，她也有过情绪低沉的时候，直到现在，她偶尔还会在意别人的眼光。每当有人把目光投向她的双腿时，她说心里都会觉得不舒服。那次，她和丈夫到附近的商场，在等待付款时，看到了一个可爱的小孩，她喜欢孩子，不由自主地去逗她，孩子用天真的眼神看着她，起初还笑呵呵的，可片刻之后她就跑开了，对她的妈妈说：“她没有腿。”

这样的情景，她知道是自己在未来的日子里必须面对的，所谓康复训练，不仅仅是身体上的康复，也包括心灵上的治愈。偶尔，心情不好的时候，她也会哭，倒不是因为辛苦和苦难，而是需要适当的发泄。很多话，她没有办法向父母家人倾诉，因为那样他们要承受更多，所以她情愿自己偷偷地哭一场，最多就是当着丈夫的面流泪，他是她最大的依靠。哭过之后，心里舒服了，就会回归到正常的生活中，该做什么还做什么。

每天，她都会对着镜子微笑，给自己更多的自信，尽管她现在并不化妆。有人说她乐观，说她坚强，可她说，其实自己也没什么特别的，身体健康的时候并没有太多的感触，每天都在为了工作和生活奔忙，甚至还有点小小的不满足，觉得生活处处都有不如意。可当自己从死亡线上挣扎过来后，经历了那一次重生，她反而对生命有了更深刻的感悟：每天拉开窗帘，感受到蓝天、白云和阳光，从生死未卜到生活基本可以自理，已经是莫大的幸福了。

她的身体，永远地残缺了，她的灵魂和人格却从此变得更加完整。她心里没有怨怼，有的只是感恩，感恩自己还活着，感恩那么多人给自己巨大的关爱。她还说："活着就是一场修行，只希望对得起经历的苦难。也许，今后还有无法想象的困难等着我，在鲜花和掌声之外，我需要面对的是长久的平淡生活。"

生活中随时都有意外发生，这是每个人都不期望看到却又无可奈何的事。当不幸降临的时候，我们会觉得肩头背负了太多的重担，几乎将自己压垮，有的人在情绪失控时，甚至觉得死亡才是最好的解脱。可看到张丽莉的人生，真希望脆弱的人明白，只要自己还有一口气，只要还能看到明天的太阳，就该勇敢地活下去。也许，煎熬的过程很苦，但请你相信，多给自己一点时间，真的可以走出阴暗的幽谷。

美国一位著名的社会学家在自传中曾经这样写道："上天既赋予我音乐和演说的才能，同时又给了我父母早逝、双手残疾的境地。我也承认，当我的双手残疾时，我感到像一个把终身的积蓄都投资于工厂中的人，当一切准备好预备开厂，在和保险公司谈妥了保险方案之前，忽然在半夜被人叫醒，发现我所有的东西都被夜里的一场大火烧光，化成灰烬。猛兽般不屈不挠、勇往直前的精神让我在这两种悲惨的情形之中从没产生过自暴自弃的念头，因为我知道，自暴自弃是无济于事的。"

只要心中保持能让阳光照进的空隙，慢慢地，即使前方再有阴影，我们也会深知这就是一个简单的"阳光在后"的结果。那时，心中便不会再有作茧自缚般的痛苦。

成长永远伴随着疼痛

她长着一张可爱的娃娃脸，目光里透出一股温和与善良。在那个远离城市的小镇，像她这般可爱模样的女人并不多见，绝大多数已成家有子的女人，都显得有些不修边幅。若不知详情，单单看她这个人，真的会以为她只是一个不谙世事的小女孩，没有人会想到，她已是一个六岁女孩的母亲。

多数时间里，她生活得并不开心，只看她老公的面相便知一二：高高瘦瘦，满脸横肉，浑身酒气，和她站在一起，一点儿都不般配，可他真的是她的丈夫、孩子的父亲。再看家里，时常是狼藉一片，卧室的门不知什么时候被戳破了一个碗口大小的洞，地上、沙发上，处处都是争执殴斗过的痕迹。偶尔，还会看见年幼的女儿躲在墙角抽泣，不时地发抖。

这一切，她极少向人诉说。若说怨，也只怨当年的自己太幼稚，一失足成千古恨。

十七岁那年，她高中毕业，之后没有继续上大学，而是出来打工了。在小城的工厂里，她认识了现在的丈夫。他连小学都没有读完，说不是文盲却也差不多，他给工厂里跑车，每出差一次就能赚到一些外快。在小城市里，会开车，有外快赚，那是一件挺有面子的事。更何况，他每次出差回来，都会给她捎来不少东西，让她的虚荣心得到了极大的满足。

渐渐地，她喜欢上了这个会讨好人的男人，并开始与之交往。不过，她的父母极力反对，甚至以断绝关系相逼，可谁都知道，当一个女孩动了真情，死心塌地想要跟着一个人的时候，她已经被爱情冲昏了头脑。她没有阻挡住那个男人的花言巧语和物质刺激，也不顾家里人的反对，匆匆地嫁给了她。

她以为，从此走向了幸福之路，却没想到，地狱般的生活才刚刚开始。

婚后，他不许她出去工作，说自己可以赚钱养家，她只要做全职主妇就行了。起初，日子倒也太平，她也挺享受这份清闲，可是没过多久，问题就来了。他每次出车都很辛苦，但不是每次都能赚到钱，有钱的时候就高兴得手舞足蹈，没钱的时候就对她横眉冷对，从辱骂开始，渐渐上升到出手打人。

仅仅脾气不好也就罢了，更糟糕的是，他还沾染上了赌博的恶习。没钱的时候，就让她出去借，借来的钱，他全都拿去赌博、吸烟，几乎没再给她买过什么东西。可当借钱的人找上门时，他却死皮赖脸地说："这钱我根本不知道，她借的，你找她要。"

有一次，她实在没钱用了，就跟以前的男同事开口借了几百块钱。结果，借钱的场景被他看到了，回家后，他竟然用倒满了开水的茶杯砸向她。她的手臂被烫得起了泡，即便如此，他还是不满意，又抬脚将她踹到屋外。

遍体鳞伤的她，实在不知该去哪儿，只好硬着头皮回了娘家。父母见女儿受了这么大的委屈，心疼坏了，他们当即决定，让女儿离婚。

没想到，第二天，他就主动找上门。他的表现，和前一天晚上截然不同，对着她和她的父母说尽了好话，给自己的行为找了充足的理由："我喝酒了，是我不好，我糊涂。我真的错了，再给我一次机会吧，我真的会改，以后再也不会出这样的事。我保证……"

善良的她心软了，信了他的话，以为这样的遭遇仅此一次，他今后定会改正，便跟他回了家。可惜，幻想总是美好的，现实却是残酷的，事实证明，他不仅没有改，反而变本加厉。

后来的两年里，她身上经常是青一块紫一块，脸上也时常挂彩。为了不让父母担心，她不再跑回娘家诉苦。周围的人都知道她家的情况，却也无能为力。没有谁知道她在想什么，也没有人知道她为何不选择离开。偶尔，会有人劝她，可她一声不吭，就像没听见一样，只是默默地掉眼泪。

直到有一天，她带着女儿和简单的行李离开家，坐上火车，去了离家很远的地方。她没有告诉任何人，只是默默地离开了。丈夫并未放过她，他跑到她的娘家去散播谣言，说她与别人私奔了，她借的钱都是他在还账，她对不起他。

半年后，她给父母寄来了一封信，告知她与女儿一切都好。信中，她这样写道：

"曾经，我以为我的善良和包容可以保住我的家，唤回他的良心，让他改掉那些陋习。可是我错了。对于不值得、不懂得珍惜的人来说，我所做的退让，都被认为是软弱和无能。我的心被彻底伤透了，也不想再继续那名存实亡的婚姻了，所以我选择了离开。请原谅我，没有跟你们告别，我是真的想一个人冷静冷静，也想安静地调整一下身心。现在，我和女儿在这里过得很好，远离了谩骂、殴打，我有自己的工作，也可以安心照顾好孩子……”

再后来，她回到家乡，借助法律程序，与他办理了离婚手续。那一场痛苦的婚姻，永远地成为过去，而她也终于在疼过之后，蜕变成了全新的自己。

也许，这样的故事终究是特例，但它着实告诉女人一个道理：人生很长，难免会受伤，在遭遇痛苦的时候别彷徨、别退缩，勇敢地打破思想的禁锢，真的累了、疼了就放手。当一切尘埃落定，你必将会像凤凰一样，浴火重生。

永远有人比你更不幸

漫长的人生岁月中，每个人的命运和生活都无法呈现完全相同的姿态，苦难和不幸在生活中如影随形，不幸的人何时何地都有，但你绝对不是最不幸的那一个。

澳洲的一位女士经历了生活带来的诸多不幸，欲想轻生。就在万分绝望的时候，她偶然听到了一个人的演讲，并顿时意识到，原来自己经历的那些不幸根本不算什么。那个改变她想法的人，就是约翰·库提斯。

约翰·库提斯1969年出生于澳大利亚，天生双腿自然残废，出生时只有可乐罐那么大，腿是畸形的，且没有肛门。弱小的他躺在观察室里，奄奄一息，医生们断言，这个孩子不可能活过二十四小时，建议家人为他准备后事。然而，当父亲忍住悲伤给他准备好小棺材、小墓地后，惊奇地发现，他居然还活着。

在父母爱的力量和鼓舞下，他以超人的毅力生活着、学习着。十七岁那年，同学用小刀将他毫无知觉的腿切得血肉模糊，伤口感染，他被迫切去下半身。医生再次断言，他活不过一周、一个月、一年……可是今天，约翰·库提斯依然健康地在全世界发表演讲，始终以一颗乐观的心面对人生的磨难。

中学毕业后，约翰开始进入社会找工作。遭遇了无数次的拒绝后，他被一位杂货铺的老板收留，后来又做过销售员、技术工人。偶然的一次机会，约翰应邀对自己的经历做一个简单的介绍。没想到，当他把痛苦的经历和艰难的现状说出来后，在场的所有人都被感动了，而那位女士就在其中，听得热泪盈眶。她告诉约翰，自己非常不幸，正准备自杀，但听了他的演讲，她觉得那些不幸已经不算什么了。

约翰·库提斯的这一次演讲，彻底打消了这位女士轻生的念头，同时也成为改变约翰人生的起点。他突然意识到，讲出自己挣扎生存的经历，可以给别人带来启迪，让别人拥有更加积极的心态。自那以后，约翰正式踏上了职业激励大师的路途，并一步步走到了现在。他告诉所有人："无论你认为自己多么不幸，在这个世界上永远有比你更不幸的人。"

阿静的丈夫三年前出了车祸，左腿留下了残疾。自从出事以后，阿静就一直闷闷不乐，整个人恍恍惚惚的，动不动就掉眼泪。尤其是看到年幼的女儿，更觉心酸，总觉命运对自己不公，对孩子也不公。庆幸的是，丈夫还挺乐观，总安慰她说："你看，我现在不是挺好的吗？做的是手艺活，也不影响工作……"道理她都懂，可看到周围的同龄夫妻都能健康地出行，她心里还是感觉隐隐的疼。

阿静住的小区门口，有一家规模不大的批发商店，店老板是个热情的女人，什么时候见到客人都是笑脸相迎。她跟店老板认识有七八年了，一直都挺羡慕对方的生活状态：用自家的门脸房开店，不用交房租，生意又很好。直到有一回，她从别人口中得知，原来店老板还有一段鲜为人知的经历。

店老板在嫁给现任的丈夫之前，换过了一段痛不欲生的岁月。前任丈夫是某厂的职工，一次下夜班时，大概是疲累过度，撞到了街边停靠的一辆货车上。就在他去世后的第三年，她那淘气的儿子跟随伙伴去游野泳，再没上来。接连痛失生命中最亲近的两个人，她是怎么熬过来的，常人真的难以想象。

听说了这件事后，阿静的心很长时间都不平静。她同情店老板，却又很敬畏她，跟她接触了那么久，竟一点儿都看不出悲伤的痕迹。阿静曾想过，也许是店老板把痛苦藏得太深了，但后来又觉得，她看到的那张笑脸不像是伪装出来的，一个对生活充满了怨恨和绝望的人，很难对周围的人那么亲切热情。

这么久以来，阿静总认为自己比同龄人倒霉，但听说店老板的经历后，竟想嘲笑自己小题大做。细想起来，那一次的车祸很惨烈，丈夫只是腿上留了一点残疾，其他并无大碍，也算是不幸中的万幸了。况且，他并没有丧失工作的能力，依旧能像过去一样和自己共同维持这个家，和店老板失去丈夫、爱子的痛苦相比，自己的这点委屈又算得了什么呢?

写到这里，不禁想起印度流传的一则古老的故事，说佛祖为了消除人类的痛苦，从人间选了一百个自以为最不幸的人，让他们把自己的痛苦写在纸条上。写完后，佛祖让这些人把手里的纸条相互换一下。结果，这一百个人在看过其他人的纸条后，个个都很惊讶。过去，他们总以为自己是最不幸的人，现在才知道，还有人比自己更痛苦。

契诃夫说过：“若是你的手扎了一根刺，那你应该高兴：挺好，多亏这根刺不是扎在眼睛里。”我们要学会用两只眼睛看世界，一只眼睛看到比自己更不幸的人，你会知足满意；另一只眼睛看到自己的幸运，你会快乐幸福。人生就像是喝咖啡，你觉得嘴里尝到的苦，其实还有更苦的。在命运掀起波澜的时候，体会一下约翰说的那句话——“永远有人比你更不幸”，你就会明白，世间没有什么是过不去的。

你要不慌不忙地坚强

在漫长的人生里，每个人都会遭遇低谷和沟坎，在黑夜中看不到一丝星光，甚至举步维艰、悲观绝望。当这一刻来临的时候，你是否还能保持住最初的那份从容，不被命运压垮，淡定如菊地笑对所有？

静姝出生在云贵地区的一个偏僻山村，父母养育了五个孩子，她是老大。因为家境贫寒，她读完小学就被迫辍学了，在家种地、担水、喂猪……做着城市里同龄女孩想都未想过的事。那时候，她唯一的心愿就是能吃上白米饭。

年龄稍大一点后，静姝跟着大人们到煤矿去背煤。崎岖的山路很难走，通常一走就是一天，渴了就喝路边的水。她年纪小，累了也不敢多歇一会儿，生怕掉队迷了路。那时，她内心萌生了一个念头：只要有可能，一定要走出这座大山，让自己和家人过上好日子。

几年后，村里有一个人从广东回来招工。她听说后，瞒着家里偷偷报了名。临走那天，家里人发现了她，她一边哭一边喊：“别再追我了，让我走吧。等我赚了钱，回来给家里盖房子。”家里人最终还是没追上她，而她就这样带着几件破旧的衣服，踏上了寻梦的路。

现实是残酷的，等待她的并不是天堂。她和一群女孩子被骗到了一个黑工厂加工鞋子，一干就是半年，没日没夜，没自由。她说，那段日子很苦，比在老家的日子还苦，没有人格尊严，也没有人身自由，吃不饱、睡不好，还经常无端被打骂。

后来，她们轮流给守门的大哥洗衣服，全是利用睡眠的时间洗，那样的日子足足持续了两个月，每天只能睡两三小时。她们不停地跟守门人说好话，渐渐地，守门人对她们的态度和善起来。她们趁机提出要求，大哥，放我们走吧，我们会感激你一辈子的。说了不知多少遍，终于有一天，守门人动了恻隐之心，在一个漆黑的夜里把门悄悄打开，放她们走了。因为只是一个临时的决定，当她们得知可以逃离“火坑”时，兴奋得东西也顾不上拿，慌忙就逃走了。

一群从大山里走出来的、最高文化是小学六年级的女孩子，凭借着想要过上好日子的愿望，在一个陌生的城市里恐惧地向前狂奔。鞋子不知什么时候跑丢了，脚上流着血，但她们全然不顾。当看到一辆上面写着“广州”字样的车时，静姝激动地叫了起来，把所有的希望都寄托在了那辆车上。她们搜遍了全身的口袋，总算是搭上了前往广州的车。没想到，那是一辆黑车，途中就把她们赶下了车，骗她们说到了。

最后，这群身无分文的女孩子，在黑夜里徒步走了一百多公里，抵达了广州。到达广州的那个早上，她们一个个蓬头垢面、衣衫褴褛，幸亏遇到了一位好心的老乡，收留了她们，给了她们一条活路。静姝说：“要不是她帮忙，我们大概真的会客死异乡。我一辈子都感激她，现在每次去广州，我都会去看望她。”

在老乡的饭店里待了一段时间，她们又找了其他工作。一起来的女孩子在条件好一点后，就陆续回老家了，有的嫁人了，有的回家谋生，只有静姝一个人留了下来。问及留下来的原因，她说："当我带着一群女孩子在往广州的路上奔跑时，我并不认识路，也不知道要去哪里，我只知道一直往前跑肯定不会错。一来我不想再被抓回黑工厂，二来我还没赚到钱，不能就这样回去。我完全没有退路，我不想再过回以前的日子，我必须拼一拼。"

后来每每遇到挫折时，静姝都会想起逃往广州的那条漆黑的长路。眼前的路只有一条，就是前进，不停地前进。她坚定地说："除了自己，没有人能打倒你。只要坚持下去，前面永远是通途。"

十年后，静姝用赚的钱给家里盖了房子，为弟弟妹妹攒了读书的钱。她说很感谢贫穷，如果不是家里太穷，或许她也会跟村里其他的女孩子一样，早早就嫁人生子，一辈子都不会想走出那座大山。

自觉文化太低的她，一直没忘了学习。即便是在背煤、在黑工厂打工期间，她也没有中断过学习。经济条件好了以后，她给自己报了补习班，参加了成考。如今，她已是深圳一家工厂里的中层主管，写作、主持会议都很出色。若不是听她说，没有人相信她只读了六年的书。她带新人时，从来不隐瞒自己的过去，而是把那些经历当成经验告诉更多的年轻人。

静姝经常把这句话挂在嘴边："路在自己的脚下，命运靠自己掌握。你想要怎样的生活，就要付出怎样的行动，少抱怨，多努力。"

生命中有太多的挫折，让我们来不及去消化，就无声无息地来了。面对这些，我们要做的是安静下来，不慌不忙地坚强。就像静姝这样，默默地接受蜕变，当高飞的翅膀还稚嫩的时候，勇敢地去收集力量。也许此刻会被打败，也许今天还受到压制，但可以暂时隐忍，像卧薪尝胆，不慌不忙地积累力量，当有一天我们变得强大起来，便能够撑起自己的一片天。

希望是一件很好的事

电影《肖申克的救赎》里说：“这个世界穿透一切高墙的东西，它就在我们的内心深处，他们无法达到，也接触不到，那就是希望。”

1942年9月，维也纳知名精神病学家维克托·弗兰克尔被逮捕，与妻子、父母一同被遣送到纳粹集中营。他没有犯罪，只因他是犹太人。三年后，他所在的集中营获得解放，但此时，他怀孕的妻子以及大多数家人在此之前都已纷纷离世，只剩他一个人活了下来。

在纳粹营的日子里，亲眼目睹至亲至爱的人离开，他却始终没有放弃对生存、对自由的渴望。他每天都坚持刮胡子，无论身体多么虚弱，哪怕是用一片玻璃刀当作剃刀，他也坚持这样做。因为，刮了胡子会让自己看起来脸色红润，健康状况不错，从而避免在列队检查时被认为身体欠佳而被送进毒气房。然而，纳粹营每天只供给两片面包和三碗稀麦片粥，他的身体还是日趋衰弱，并要忍受重负荷的劳动，经常夜里三点就被叫起来去工作。

维克托·弗兰克尔无时无刻不在想逃离的办法。同伴们得知他的想法，都嘲笑他痴人说梦，来到这个地方就没有人想过能活着出去。既然来了，就安心地干活吧，这样兴许还能多活几天。弗兰克尔不相信自己会在这里死去，他发誓一定要活着出去。

机会终于来了。一次野外干活时，弗兰克尔看到不远处有一堆赤裸的死尸，他在这些死人的身上看到了生的希望。趁着黄昏收工的时候，他钻到了大卡车底下，把衣服脱光，趁人不注意，悄悄地爬到了那堆死尸上。尸体散发着令人作呕的气息，还有蚊虫的叮咬，他咬着牙忍受着。直到深夜，他确定周围没有人了，才爬起来光着身子一口气跑了七十公里。

弗兰克尔真的逃了出去，简直成了奇迹。后来，他对人们说："在任何特定的环境中，人们还有一种最后的自由，就是选择自己的态度。"

每个女人的一生都不可能是一马平川，在前进的道路上总有沟沟坎坎、悲伤沮丧，但无论怎样，都请你在严峻的挑战和不幸面前，对生活保留一份希望。希望是内心开出的一朵花，有了它的存在，你才会相信，无论多远的路都能走到尽头，无论多深的痛苦都会有结束的一天；有了它的存在，你才会明白，接下来的路该往哪儿走，该怎样去走。

十年前，她不幸被确诊为淋巴癌中期。在拿到确诊书的那一瞬间，这晴天霹雳一样的消息让人的血液顿时凝结了。原本平凡美好的家庭，一下子被这突然来袭的坏消息击入谷底，可即便如此，丈夫还是说："一定要治好，一定要治好。"

几次手术后，医生告诉她，如果五年内没有病变，手术就算成功。五年，多么漫长的考验和煎熬啊！不久，她加入了癌症康复俱乐部，认识了许多身患绝症的朋友，他们并不像一群病人，反而个个神采奕奕，阳光明媚。大概是受这种氛围影响，她重新对生命燃起了希望。她跟姐妹们一起跳舞，跟兄弟们聊天，有了他们的陪伴，她觉得自己好像年轻了。

终于，她安全地度过了人生中最难熬的五年。不仅是她，她的家人以及俱乐部的朋友，都为之感到高兴。此时此刻，她的女儿也考入一所重点高中，真可谓好事成双。当时，她觉得幸福极了，浑身热血沸腾地准备迎接新生活。

刚刚愈合的家庭，还沉浸在喜悦的余温中，不幸的事再次降临。她再次被诊断为癌症，可怕的癌细胞像一盆冰水，将全家人新燃起的希望浇灭。女儿哭了，害怕妈妈就此离开，而她没有掉一滴眼泪，抱着那百分之十的希望签了手术单。她被推入手术室时，家人屏住呼吸，默默祈祷上天能赐予她一次新的生命。手术持续了几小时，她的生命保住了，只是后半生恐怕要在轮椅上度过了，语言功能也可能因为手术而受到影响，几乎尽失。

看到她的样子，女儿和丈夫无言以对，只求她能够康复。她不能说话，但她会笑、会写字、会打字。她习惯抱着平板电脑，把自己想说的话打出来："不要担心我，说不定有一天我又能说话了呢！我们此刻还在一起，就是幸福。"

面对癌症，她对自己的人生充满了希望，尽管这希望也许永远无法实现，但至少让她的世界里多了快乐和安心。生命的价值不仅在于活着，更在于有一颗充满希望的心。无论是布满阴霾的生活，还是遭受失败的打击，都不要让乌云遮住阳光。心存希望永远都是一件好事，也许是人间至善，因为它引领着我们通往自由，通往幸福。

敢去面对的人就是勇者

被美国《时代》周刊评为20世纪最有影响力的一百位艺术家中，莱妮丽劳斯塔尔是唯一的一位女性。她出生在一个德国商人家庭，自幼漂亮可爱，当时几乎所有人都觉得，这样一位出身富裕、面容姣好的女孩，将来定是一片坦途。

《阿甘正传》里说："生活就像一盒巧克力，你永远不知道下一块是什么味道。"此话用在莱妮丽劳斯塔尔身上，再合适不过了。她后来的人生历经坎坷，简直让人无法相信。

大概是在二十岁那年，她被纳粹头目"钦点"为战争专用宣传工具。后来，德国战败，她因受牵连被判入狱，服刑四年。刑满释放后，她想重新回到自己熟悉的演艺圈，却因为历史污点，遭到了主流媒体的嫌弃和排挤。一连十几年，她都走不出刑满释放囚犯的影子，也没有人敢用她，甚至没人敢娶她。

直到五十岁，她依旧孑然一身，过着形单影只的日子。那年的生日，她想起过往的种种，痛心至极，一个人喝得酩酊大醉。醒来后，她做了一个惊人的决定：独自深入非洲原始部落，采写、拍摄独家新闻。她不是空想，之后的两年里，她克服了种种困难，拍摄了大量努巴人生活的影集，这些照片一举奠定了她在国内摄影界的地位。

事业的成功，也给莱妮丽劳斯塔尔带来了爱情。一位三十岁的小伙子被她的精神和经历深深吸引，对她展开了追求。由于两人是同行，相同的兴趣爱好让他们相谈甚欢，最终超越了年龄的隔阂与外界的舆论，结为连理。在接下来的近半个世纪的时光里，他们一起出入战火和内乱交困的非洲部落，深入大西洋海底世界探险，书写了一段美丽浪漫的爱情。

曾经，莱妮丽劳斯塔尔为了让自己的拍摄才华与神秘的海底世界融为一体，六十八岁高龄还去学潜水。这样的付出没有白费，她以一部长四十五分钟的精美短片《水下世界》树立了纪录电影的一个里程碑，也为自己的艺术生命书写了一个圆满的结尾。

莱妮丽劳斯塔尔传奇的一生，恰如心理学家约翰·霍兰德所言："在最黑的土地上生长着最娇艳的花朵，那些最伟岸挺拔的树木也总是在最陡峭的岩石中扎根，昂首向天。"生命的成长与成熟，几乎都是在逆境中淬炼出来的，无论身处怎样的境遇，都不要过早地给人生下结论。只要勇敢面对，终会越过荆棘，踏上平坦之途。

女孩出生在一个山清水秀的南方小镇，父亲是镇上有名的石匠，母亲的刺绣在当地也是出了名的。父母的精湛手艺给家里带来了不错的收入，女孩也很争气，在同龄的孩子中学业一直出类拔萃。

就在女孩读高二那年，父亲在一次采石工作中被砸断了双腿，险些丧命。母亲因忧伤过度，视力受到了影响，再不能继续之前的刺绣活儿。突如其来的灾难，让一个曾经幸福无比的小家，瞬间被击垮了。最困难的时候，家里没有一分半点的经济收入。父亲没有持续治疗的药费，家里的日常起居也受到了影响，女孩的学费更是毫无着落。虽有亲戚朋友接济，但终究不是长久之计。

女孩高中毕业后，没有继续上大学，而是辞别父母去了大城市，想找一份工作来养家。可惜，在遍地是人才的城市里，只有高中学历的她遭到了诸多单位的拒绝。在她有些绝望的时候，一家保洁公司因业务扩张录用了她。这家公司主要负责一些商场、写字楼和饭店餐厅的整体保洁工作，而女孩要负责的就是收集垃圾，公司管食宿，月工资五百元。

当年的五百元，可谓是所有行业中最低的工资标准了。工作累、待遇低，很多人都是干了一段就辞职，唯有女孩做得很开心，她相信自己不会永远拿五百元的薪水。她在这家公司一干就是五年，且做得很认真、很卖力，有空的时候还会帮客户做点跑腿的事。

渐渐地，她在客户中有了不错的口碑，且跟许多服务对象成了朋友。这几年里，有人觉得女孩胸无大志，拿这么点薪水还对雇主感恩戴德的；也有人觉得女孩死脑筋，不知道换一份工作。他们不知道，女孩子在这份看似简单的工作中，已经积攒了不少的人脉关系，并悄悄做好了未来的规划。

五年后的一天，人们熟知的那个清洁工突然消失了。几天后，一家同城快递公司开业了，老板恰恰是收了五年清洁垃圾的女孩。同城快递的竞争很激烈，但女孩的公司很快就打开了局面。原因很简单，她在五年里走遍了每个写字楼、宾馆、商场，结识了里面的人，她的认真、积极给人留下了深刻的印象，人们都信得过她。

女孩从一辆小电动车起步，到后来成为拥有几辆车、十几个员工的快递公司老板。有人说她运气好，听到这样的评价，她总是笑笑，不做任何解释。懂她的人都明白，这份云淡风轻的笑，背后是一颗勇敢而强大的心。所谓的好运，不过在命运给出历练的考题时，咬着牙撑住去完成一道道测试，最终换来的奖品而已。

对所有女人来说，人生都是一场前途未卜的旅途，谁也不知道会在将来的路上遇见什么、经历什么，但无论上天赐予你的是多么不完美的生活，都要学着勇敢去接受，努力而积极地活着，成长得更为坚强和优秀。

Chapter 6

爱的情商高一点，幸福就会多一点

平等的爱情才能长久

张爱玲曾说：“女人在爱情中生出卑微之心，一直低，低到尘土里，然后，从尘土里开出花来。”这个原本高傲、倔强的女子，遇到了自己的心爱之人胡兰成，小心翼翼地呵护并陶醉于这份爱，带着羞涩与胆怯，低眉顺眼地坐在他面前，一次又一次地放低自己。

如此卑微的爱，让她变成了一粒尘埃，而胡兰成却是一副胜利在握的姿态，在赞美她的时候也赞美着其他的女人；和她在一起时，也不忘与其他女人密会。在这场爱情的对决中，张爱玲最终输得一塌糊涂。

女人不断牺牲自我，爱得太过卑微，就会让爱情的天平倾斜，失去在爱情中的最佳位置，失去应有的尊重与珍惜。聪明的女人深知这一真理，她们对爱情的观点就像简·爱的宣言：“纵然我贫穷，不漂亮，但我的心灵与你一样丰富，我的心胸跟你一样充实。当我们的灵魂穿过坟墓，站在上帝面前时，我们是平等的。”不卑屈，不高傲，当我们彼此相爱、相安无事的时候，我始终与你平起平坐；当你的一边低了下来，我不会趾高气扬地责备和蔑视，而是会让自己与你同行，相互搀扶，走过最艰难的岁月。

其实，无论是爱情还是婚姻，都需要平等和尊重。哪怕你的内心很爱这个男人，哪怕他是高贵的王子，也不要过分殷勤地去讨好他。不卑不亢，才能赢得男人的爱和尊敬，才能掌握爱情的主动权。

美国著名女作家玛格丽特·米切尔，跟她的作品《飘》中的女主角斯佳丽一样，有着与生俱来的反叛气质。成年后的她，因为一时冲动，嫁给了酒商厄普肖。可惜的是，这段婚姻没过多久就结束了。走到这一步，不仅是因为厄普肖的冷酷和酗酒，还有玛格丽特对爱情的错误姿态，她太迷恋厄普肖了，以至于到了仰天崇拜的程度，让厄普肖的狂荡不羁愈演愈烈，对玛格丽特越来越不在乎。

离开了厄普肖，玛格丽特终于明白，婚姻该是平等的。后来，她嫁给了记者约翰·马什，她打破当时的惯例，在门牌上写上了她和约翰·马什的名字，以此告诉所有人，这间房子里住着两个主人，他们是平等的。更出人意料的是，她婚后没有跟随夫姓。

幸好，丈夫约翰·马什也提倡夫妻平等。他们彼此尊重，相互鼓励和支持，玛格丽特静心创作。十年后，《飘》的问世，让她一夜成名。

爱得软弱而卑微的女子，永远不可能成为撬动幸福的女人。因为，她本身就把自己放在了一个很低的位置，连平等的姿态都没有，又如何能够靠自己的力量去扶持爱人，把握住幸福呢？

其实，不仅仅是在爱情中要平等，在人际交往中也应该强化不卑不亢的态度。“不卑”可以不惹人怜，“不亢”可以不招人妒。这样的女人，总能从容自若、气定神闲，跟谁都能够融洽地相处，给人一种无可抗拒的力量，做起事情来也能得心应手。

要知道，这种“不卑”的姿态，不是一般人都能有的。影视剧里常常会出现这样的情景：面对财势两全的合作伙伴、朋友，原本男人还想留一份尊严和平等，身边的女人却显得很不淡定，对人说话用试探的语气，唯唯诺诺，一味应承，让人觉得很虚伪。反倒是那些以诚相待、坦坦荡荡的人，让人觉得可尊可敬。

当然，还有不少女人一点也不“卑微”，而是很自大。看到那些比自己地位低微的人，马上就挺起腰杆，趾高气扬，有时对自己的丈夫也如此。殊不知，用这种狂妄的姿态与人相处，是对别人的不尊重，也是对自己的伤害。也许，对外人而言，顶多是不再和你往来，避免和你接触，但若用这样的方式对待自己的爱人，输掉的可能是一辈子的幸福。

杨柳是个富家女，人长得漂亮，工作能力也挺强，从美国留学归来后，在一家外企公司任翻译，并结识了现在的丈夫李维。

李维的家在远郊，父母都是普通工人，可他为人厚道，也很踏实，岳父岳母对这个准女婿都挺满意。更重要的是，他对杨柳百依百顺。结婚时，杨柳的父亲在公司附近为女儿女婿买了一套房，李维家里出钱买了辆车，小两口的日子过得挺好。

婚姻不是一天两天的新鲜，度过了甜蜜的阶段，就是柴米油盐的日子了。过去，李维只知道杨柳娇气，却不想她的“大小姐”脾气会愈演愈烈。她时常不顾及李维的面子，发起脾气不管什么场合，当着什么人；身为儿媳，她对公婆并不孝顺，反倒是觉得他们没见过世面，总摆出一副拒人于千里之外的表情。李维起初还是迁就，但越迁就她，她却越离谱，弄得李维根本没法专心工作，甚至不想再继续这段婚姻了。

不管你的出身如何、家境如何、事业如何、一旦飞扬跋扈、目中无人，就总会让人感觉少了点韵味。尊重别人，也是尊重自己；越是见识广博，就不该以钱财多少、学问高低论尊卑。在人前摆架子、显傲态，无疑是在诋毁自己的形象。

在婚姻生活中也如是，每个男人都希望自己的妻子善解人意、有修养、识大体。要知道，纵然他再怎么爱你，也肯定无法长久容忍你不懂礼数、随意妄为。所以，作为女人，不管在多么高贵的人面前，都要坦然地做自己；不管在多么卑微的人面前，都要平和从容地微笑。

先谋生，再谋爱

一位学者曾这样说过："工作不仅仅是谋生的手段，也是享受生活的一种载体。"

某著名高校中文系的研究生，临近毕业，与相恋三年的男友步入婚姻的殿堂。毕业后，当她和别的同学一起在熙熙攘攘的人才市场像大海捞针一样寻找合适的工作时，才意识到，找工作比她想象中艰难得多。

周围的朋友就劝她："你的老公赚得不少，你何不在家做个全职太太？"连日的奔波让她觉得疲惫，想想都觉得委屈，一气之下她干脆放弃了找工作的计划。

刚开始，她还觉得日子悠闲自得，时间久了，就待不住了，各种失落和空虚袭击她，她觉得自己过得很不快乐，脾气也越来越大。她问自己："这就是我要的生活吗？如果只是为了当全职太太，我读书做什么呢？既然有能力为自己的生活负责，为什么要做一个废弃的躯壳呢？"

此后，她又踏上了求职之路，并在一家广告公司找到了合适的工作。虽然上班比较辛苦，可她心里很踏实。她说："在这个社会上打拼奋斗是有些累，可我心里不会再像海浪一样来回漂浮。"

身为现代女性，若没有自己的工作，没有为之奋斗的目标，就等同于没有思想。试想：一个没有思想，或者思想落伍的女人，如何维持家庭的幸福？事业，是女人安身立命、生存于世的基础，也是人生幸福的重要保障。就算在婚姻中，有自己的事业，女人也更容易与丈夫有共同语言，有平等的地位和权利。这份工作未必要多么体面辉煌，只要尽心尽力去做就足够，至少，它是一份你自身价值的证明，更是一个让你了解外面精彩世界的途径。

2009年，英国首相布莱尔夫人接受"网易女人"的采访，在谈及女人幸福问题时，她说了这样一番话："良好的教育能让一个女人活得更轻松，走得更远。一个女人，你永远不知道生活前方等待你的是什么，永远都要记住一点，能养活自己至关重要。"

布莱尔夫人的观念，很大程度上受到母亲的影响。据说，当时她的母亲得到一份不错的工作，她的祖父却在那时候病了，母亲不得已只好放弃工作，回家照顾老人。那个年代，工作机会不多，母亲又没有太多的知识，放弃了就等于彻底失去。所以，母亲后来便把希望寄托于布莱尔姐妹身上。这样的变故，让布莱尔领悟了一个生活真谛：女人想要好好地生活在这个世界上，就必须拥有一份可以养活自己的工作。

职场达人拉拉是个三岁孩子的母亲，可她的状态始终是"青春正飞扬"。许多人都说，她完全可以不工作，在家里带带孩子多轻松，这是当下许多年轻女子都憧憬的生活，衣食无忧，每天陪伴孩子。拉拉却不然，结婚生子，升职加薪，她一样都不落下。对于工作这件事，她坚持不放弃。对此，她给出的理由是：

“第一，工作让我经济独立。我工作，家里的经济负担减轻了许多，我也因此实现了人格独立和感情独立。我不用依靠任何人的支援，也不用受谁的制约，喜欢的衣服我自己掏钱买，出去旅行我不用担忧透支家用。每天上班下班，我心里很踏实。

“第二，工作让我更有内涵。为了能够胜任工作，争取升职加薪，我不断地学习、进修，这个过程很辛苦，但我得到的更多。性格变得坚强，抗压能力提高了，也不断地挖掘出自己过去都不知道的潜能，让我很有自信。

“第三，工作扩大了我的生活圈。身在职场，免不了要和同事、领导、客户沟通交谈，这给我营造了更宽广的交际圈，也让我结识了更多的朋友。我们可以彼此分享快乐、分担忧愁，让心灵得到舒缓，生活更充实。

“第四，工作让我变得更时尚。因为工作需要，所以每天都会给自己化一个精致的妆容，其实打扮自己也是提升自信的一种方式。当然，更多的是每天会跟同事聊天，丰富自己的见识，与时俱进。

“第五，工作让我减少了焦虑。闲来无事的时候，人总会瞎想，变得狭隘。如今，自己有稳定的工作，对生活的不安全感就少了很多，就算某天丈夫因为某些原因暂时要离职，或者要进修，我也不用担心生活质量受到影响。”

以上这几点足以证明，在身体健康、家庭稳定的情况下，工作带给女人的益，远远大于弊。工作，会让女人学会独立、学会社交，让女人充满智慧和自信。更何况，女人有自己的工作，与爱人的相处也会更加融洽，至少她知道换位思考，能切身体会丈夫上班的辛苦，在家里不会对丈夫无理取闹，反倒知道如何安慰丈夫，给他提供有益的建议。女人有自己的工作，男人养家的压力也小一些，心情也会轻松。

当然，也不乏有人坚守着这样的观念：女人，踏踏实实地找一个好依靠，清闲地过着日子，再幸福不过。可是，有多少女人实现了这样的美梦？纵然是童话里的那位灰姑娘，她能够被王子看上，还是多亏了仙女的帮助，还有那双世间罕见的水晶鞋。如果没有这些前提条件，那还不如活得清醒一点。别忘了，要嫁个好老公，也是需要资本的。若没有过人的才学、出众的外表、过硬的家境……这些“硬件”全然不具备，那凭什么来嫁个好老公，指望他来养活你一生呢？

其实，不只是女人会慎重思考选择的对象，男人也一样。他们时常也会问自己：“这个女人值得我娶吗？她是否能够跟我相守一生？”若你真的身无长物，而他也不在意，或许你们可以安心到老。可当某一天，这个男人也累了，或是遇到了新的爱慕对象，最终选择离开，这时候，你又要靠谁来养活自己呢？

婚姻不是买卖，更不是赌博。即便你有机会遇到优秀的男人，也未必能够拥有他的一切。女人不是男人的附庸，男人也不是女人的依靠，优秀的男人大多希望自己的另一半能够跟自己共同承担风雨，解决问题，战胜挫折，而非仅仅想要靠他来享受生活。

女人的幸福，不是靠谁的养活就能拥有的，而是靠自己的努力。当你具备让自己幸福的能力，这个永恒的支点，可以随时撬起自己，撬起爱人，撬起精彩的人生。

你当是他近旁的木棉

一场浪漫的婚姻上，父亲把女儿的手交给了现场的新郎，语重心长地说：“现在，我把她交给你了，也把她一生的幸福交给你了！”新郎诚恳地答道：“我会用自己的生命来爱她。”这番对白，是婚礼上最为动情的一幕，甚至超越了夫妻间宣誓的情节，因为它饱含了血浓于水的亲情，还有世间最可贵的信任。

三年后，婚礼上的那位新郎因工作需要到国外做项目，一走就是两年。而曾经在婚礼上美丽娇艳的新娘，却要在每天忙碌之后面对空冷的房间，她无力承受寂寞，更无力独自承载生活。再后来，两人友好地分手了，幸福的希望也就没有了。

现在想来，父亲的那个心愿，也许只是一个美好的愿望。一个女人的幸福，怎可轻易寄托于对方？人生无常，倘若有朝一日离开这个人，是否真的就无法独立而美好地继续生活下去？往往，婚姻的不幸，爱情的失败，其症结都是一方把自己全然交给了另一方，奢望寄托对方一辈子的幸福，把自己当成了依附于对方而存在的生命体。

一部名为《血疑》的日剧，让山口百惠成为家喻户晓的女星。她十三岁就在歌坛崭露头角，十五岁风靡日本。然而，谁也未曾料到，就在她的事业如日中天的时候，她竟然选择了结婚退隐。那一年，她只有二十一岁。

离开影坛后，观众和影迷们对她的怀念与日俱增，更为她的息影而感慨。回归家庭后的山口百惠，生活并不那么如意，丈夫经商破产，她攒下的积蓄也随之而空，结果还是没能摆脱困境。此时，山口百惠想重出影坛，可惜时不我待。曾经支持她的影迷们，早已不再是风华正茂的年轻男女，而是负担重重的中年父母，没有心力再去追星。山口百惠的表演，也无法满足新一代观众的需求，东山再起只能是痴人说梦。

山口百惠放弃事业的那一刻，也就等于放弃了独立的自我。或许，在二十一岁的她眼里，婚姻就是一场浪漫而幸福的旅程，丈夫就是可以遮风避雨的港湾，自己可以依偎着他，纵然日后不那么轰轰烈烈，但至少可以平淡安详地度日。

可是，真正的幸福，唯有在理论的状态下才是静止的。生活就好比天气，你永远不知道明天什么时候会突然来一场暴风骤雨，或是突然哪一刻会电闪雷鸣；此刻值得你信任并可以依赖的丈夫，明天是否会遭遇人生的打击，是否会因此沮丧低落而需要你的扶持与拉扯，也都是未知数。生活是充满变数的，婚姻却是一个共同体，唯有时刻让自己做一棵独立的树站在他身旁，才能够在暴风雨来袭时，在根基之处紧紧相拥，抵挡外力。

在《致橡树》一诗中，舒婷深情地咏叹："我如果爱你，绝不像攀援的凌霄花，借你的高枝炫耀自己……我必须是你近旁的一株木棉，作为树的形象和你站在一起。根，紧握在地下；叶，相触在云里……我们分担寒潮、风雷、霹雳；我们共享雾霭、流岚、虹霓。仿佛永远分离，却又终身相依，这才是伟大的爱情。”

比肩而立，各自以独立的姿态深情相对的橡树和木棉，热情而坦诚地歌唱了诗人的人格理想。这组形象的树立，不仅否定了老旧的“青藤缠树”“夫贵妻荣”式的以人身依附为根基的两性关系；同时，也超越了牺牲自我、只注重于相互给予的互爱原则，这种超越出自向来处于仰视、攀附地位的女性更为难能可贵。

女人不是任何人的肋骨，也永远都不能泯灭自己的独立性，要有自己的思想，有自己的骄傲。要让男人清楚地知道，你不只是他的妻子，你还是你自己，更是在他感到无力和疲惫时可以拉他一把的“兄弟”。

记得杨澜曾在博客中写过一番话，告诉女人什么才是维系婚姻关系的真谛，更告诉女人该如何塑造自己的角色。她说：“婚姻需要爱情之外的另一种纽带，最强韧的一种不是孩子、不是金钱，而是关于精神的共同成长，那是一种伙伴的关系。在最无助和软弱的时候，在最沮丧和落魄的时候，有他（她）托起你的下巴，扳直你的脊梁，命令你坚强，并陪伴你左右，共同承受命运。那时候，你们之间的感情除了爱，还有肝胆相照的义气、不离不弃的默契，以及铭心刻骨的恩情。”

天生热爱摄影的凌，有一个深居简出的男朋友，周末空闲的时候，她常常背着自己的小包出去拍照，而男朋友则在家里研究电脑程序。她和他互不打扰，谁也不愿意去压制谁，相处起来轻松自在。不久，凌的摄影在一次展览比赛中获得二等奖，男友为她感到骄傲。相处的日子久了，他们感情愈发亲密。凌觉得，拥有爱情但不失去自我，这才是属于自己和爱人的生活。

真正懂得爱的女人，会随着时间的流逝越发感动，她们就如亦舒笔下的女子，抛弃依赖，愿做他身边的木棉，与爱人相偎相依，却又相互独立，彼此之间，一起成长、一起繁华、一起向上、一起老去！这样的爱令人钦佩，这样的女人值得珍惜。

你是谁，就会遇见谁

在最美的年华里，遇见一个对的人，这大概是世间所有女孩对爱情的憧憬。最好呢，那个人是一位英俊帅气、气质高雅的王子，就像偶像剧里所演绎的那般，让自己有机会做一回玛丽苏式的女主角。

无奈生活不是童话，且远比戏剧更残酷。现实的王子似乎总是虚无缥缈的，或是给人一种望尘莫及之感，即便有机会站在他面前表白，许多女孩也是再三犹豫，迟迟不敢将那句话说出口，怕自己配不上，怕自尊受伤害，最终眼睁睁地看他与自己擦肩而过。

王子与灰姑娘的故事，只能在童话和偶像剧里上演，现实中的他们鲜少有交集。想要跟王子相识牵手，先要从内到外把自己塑造成公主。千万不要想着，有了姣好的容貌就能吸引王子，真正的高贵不只在外表，还在于内心。优质的男人在选择终身伴侣时，也是比较理智的，相比花瓶美女，他们更喜欢独立、善良、能干、有才华、有内涵、有智慧的女子。唯有具备了这些资本，才能让王子另眼相看。

静出生在南方的一座小城市，凭借自己的努力，她考到了上海的一所知名大学。大学期间，周围的女孩子都忙着品尝爱情的味道，而她却不慌不忙、不焦不躁，上课之余就到图书馆看书，自学英语。

从大二开始，她变得更忙了。不仅要忙学业，还要做兼职，给一家工作室供应稿件。每天，她很早就要去自习室，晚上要临近熄灯才回来。寝室的姐妹们都劝她，别太拼了，大学的时光多美妙，要好好享受才对！她只是笑，却不曾做任何解释。

利用稿费赚来的钱，她报了新东方的辅导班。到了大四那年，她以出色的托福成绩和GRE成绩申请到了美国加州的一所大学，并拿到了奖学金。至此，寝室的姑娘们才知道，静的努力是为了更广阔的天地，她想要的不是这片校园里的小浪漫，她有自己的“心高气傲”。

静从未向别人说起过内心的秘密，她心仪的那个男生，就在加州读书。她知道对方很优秀，也知道他对自己有好感，但更清楚他会在那片广阔的天地里，结识更多优秀的女生。如果自己不努力变得更好，就算有一天如愿跟他在一起了，彼此间的差距也会日益凸显。唯有时刻让自己与他并肩而立，让他感受到自己的优秀和美好，才有可能爱得长久。

生活是现实的，不能总是顺畅地书写一个团圆的结局。静最终没有和心仪的男生走到一起，男生毕业后回国发展了，而她留在美国继续深造和发展。但上天也是公平的，静在后来的工作中，遇见了自己的真命天子。

那真的是一位颇受女孩青睐的男士，在众多的可选择对象中，他认定了模样并不算漂亮的静。说起原因，就像《刺猬的优雅》中所言的那般：“只有频率相同的人，才能看见彼此内心深处不为人知的优雅。在偌大的世界里，我们会因为这份珍贵的懂得而不再孤独。”

有句话说：“你是什么样的人，就会遇见什么样的人。”当静从一个小城姑娘，靠着自己的努力一步步抵达了周围人望尘莫及的高度，完成了从内到外的蜕变时，她周围的环境、接触的人群也发生了变化，最终遇见了那个频率相同的人，认识到了她那份深邃的美好。

欲想嫁王子，必须先成为公主。新时代的“门当户对”，是心灵、人格、学识上的平等，是灵魂深处的碰撞。生而为灰姑娘不要紧，重要的是不断地完善自身，当你越来越漂亮时，自然会有人关注你；当你越来越有能力时，自然会有人看得起你；当你修炼出一份经得起考验的高贵时，自会有王子抛出玫瑰花。

要成为公主，先得给自己一个方向，浑浑噩噩地度日换不来美好的生活，任何的幸福都需要靠自己去争取。不要坐等优秀男人的青睐，你要把更多的心思放在自己的身上，只有变得和他们一样优秀，才能找到说话的机会。

要成为公主，也需有一颗高贵的心。无论出身怎样，都不要沮丧地认为自己无法改变命运，只能跟条件差不多的人将就着过一生。世间有许多原本比你还平凡的女子，之所以能够挽着优秀的男人过上优质的生活，不是因为她们幸运，而是她们自信，用行动撑起了梦想，提升学识、内涵、修养、能力，是她们从未放弃过的功课。

愿每一个心向美好的姑娘，在此后的人生里，都能不急不躁地活成自己喜欢的样子，以最美好的姿态邂逅那个对的人，且以情深到白首。

别急，慢一点去爱

爱情这件事，本该是慢慢来的：在我刚刚遇见你的时候，你也刚好爱上我，就在一起了；渴望厮守一辈子，管他嫁妆房子，有你就好，结婚生子，顺其自然。然而，不知道从什么开始，一切都提前了，仿佛都在追逐效率和结果，提前了告别，也提前了结束。

在一档大型的相亲栏目中，男嘉宾不远千里从台湾奔赴南京，只为自己心动的女孩。他说了一番深情的告别："我很想插手你的人生，和你一起遛狗、看电影，宅在家里发呆，做饭给你吃。照顾你是我的责任，如果你愿意，我会用我的生命呵护你，直到永远。"

听起来已经足够真诚了，但这还只是一个开始，他继续说，"你若不嫁，我便不娶。之前，我了解过你的一切，你生于××年××月××日，××星座，×型血，祖籍在贵州，是少数民族之一，出生在湖南，长大在广州。十八岁一个人去了上海打拼，你一直在照顾你的哥哥，是该有个人照顾你了……"

如此炽热的表白，打动了现场的许多人，也让那个女生掉了眼泪。但是，她没有选择他，她说："我感到惊而不安。在录制现场，我的心久久不能平静，多年努力想要忘掉的东西，一层层地被剥开，浑身伤痕累累地呈现在舞台上……"

爱得太急切，爱得太浓烈，让另一半感到窒息和压力，最终擦肩而过。很多时候，超越时间、空间的了解会使人心生暖意，若抱着一种急功近利的心态，对彼此了解到无死角可言，就会让对方产生一种胆颤到自我保护的心理。

在这一会，同样向这位女孩表白的男嘉宾，流露得就很是温婉自然。他缓缓地面对女孩说："确实我对你还不是很了解，这样也挺好，两个人都不太知道对方是什么样子，就像一张白纸似的，一块儿在上面画画、写字，我希望有这么一个机会。"

漫漫红尘路，携手成长，经年相爱，谈一场不赶时间的恋爱，多好！这道理就像是自然界最原始的长成，"一粒种子就是要慢慢成熟，谁也决定不了它成长的速度；而你手里的苹果，耽搁了时间，就不再好吃了。还原世界本来的面目，一切慢慢来"。

慢节奏电影《恋爱、美食和祈祷》中的主角伊丽莎白，有着一个美国成功女性拥有的一切：精彩的事业，丈夫，大房子。表面看起来很幸福的她，其实并不知道自己真正想要的是什么。她的人生，始终没有一段空白的经历。

"十五岁起，我不是在恋爱就是在分手，我从没为自己活过两个星期，只和自己相处。"这就是伊丽莎白真实的人生。原本以为，长大后的自己会是儿女成群的母亲，但婚后的她才发现，自己既不想要孩子，也不想要丈夫，这种纠结让她每天活在迷惘和恐惧中。

为了给自己时间和空间想清楚，伊丽莎白辞掉工作，走出变质的婚姻，摆脱所有的物质羁绊，开始了一个人的旅行。这一走，就是一年。在意大利罗马，她品尝美食，尽享感官上的满足，在世间最好的比萨与美酒的陪伴下，她感觉到了灵魂的重生。在印度，当地的古鲁和一位牛仔帮助她用四个月的时间走进自己的精神世界，与瑜伽为伴的日子，洗涤了她那颗混乱的心。在印尼的巴厘岛，她找到了平衡世俗想法和精神超越的艺术，并意外地收获了爱情。

是的，世间真正美好的东西，永远都是需要时间和耐心慢慢品尝的。就像伊丽莎白，年轻时爱得太急、走得太快，到头来才发现所得到的都是自己不想要的，包括爱情和婚姻。此番情景，在当下这个浮躁的时代，并不少见。太多物质的生长周期都被人为缩短，热恋期缩短，婚姻的平均寿命缩短，原因就是太着急，惶惶不可终日，直至最后忘记了自己是谁。

爱情不是一份快餐，婚姻也不是一场游戏。不要因为周围的人都有了归宿，就匆匆找个人恋爱；不要因为父母在耳边催促，就随便找个人结婚；更不要因为年龄的渐长，就怀疑没有机会再遇见更好的人。他尚未到来的时候，在一个人的时光里让自己变得足够优秀；他到了你的世界里，就好好去品尝和享受爱的甜蜜。不要急着去将就，也不要急着马上有一个结果，慢一点去爱，才更懂爱的可贵。

爱情诚可贵，生命价更高

曾在医院的急救中心里碰到过一个吞食大量安定的女孩，家人把她送来时人还有意识，但情况很危急。医生和护士们表情凝重，神色匆匆地穿梭在急救室，准备给女孩洗胃。

洗胃的过程极其痛苦，走廊里所有的人都能听到女孩凄惨的嘶号声，那声音令人不寒而栗，俨然是一头困兽发出的哀号。女孩的家人在外面焦急地等待着，他们还闹不清楚到底发生了什么，这女孩究竟遇见了什么事，竟然要放弃生命？

后来，据给女孩洗胃的护士说，在洗胃的时候，女孩嘴里一直嘟囔着："为什么不让我死？我死了，他就会内疚一辈子。"显然，女孩这么做的目的，就是想报复那个负了她真心的男人。她觉得，自己如果死了，他就会一辈子生活在阴影里，觉得亏欠她。

可惜，她所做的一切，不过是自己的一厢情愿；她所设想的报复计划，不过是自己的一意孤行。她在医院里忍受着洗胃的巨大痛苦时，那个男人根本就不知道，也不曾过问她的任何情况。你生或你死，负心的人根本不在乎。

很想告诉世间至情至性的女孩子，一个活得优雅、内心强大的女子，任何时候都要爱自己，没有任何一个男人值得你搭上身家性命。你若不懂得爱惜自己，别人亦不会爱惜你，用生命去讨好一个人，用生命去挽回一颗心，是最不理智的选择，也是最卑微的姿态。

和他在一起，温暖地相依相偎，是琳生命中最大的幸福。关于他的一切，琳都铭记于心，知道他衣服、裤子、鞋子在不同时期的精准尺寸，知道他喜欢的领带颜色，知道他喜欢的烟酒牌子，知道他最爱的饭菜，知道他喜欢的音乐……从没有刻意去记住这些，只是因为爱，听过见过便烙在了心里。

爱是一个奇幻的东西，让人深陷其中，如痴如醉，甚至忘了自己。他身上发生一点点细微的变化，她都能敏感地察觉出。偶尔，她看到他在微信上与人聊天，莫名其妙地对着手机屏幕笑；接电话的时候也是含糊其辞，故意闪躲。偶尔几次，他回到家中已是深夜，身上还混着酒气和陌生的香气。女人的第六感告诉她，她苦心经营的爱情，可能就要离她而去。

她的心是多么痛啊！从二十岁到二十七岁，七年最美好的时光，刻画了爱的精彩。为了能留住她，她比从前更贴心，就算知道他出轨，也装作什么都没发生。可是，爱走了，谁也阻止不了；情变了，再也找不回来。

某天夜里，她最害怕听到的那句话，还是从他嘴里说出了——我爱上了别人，咱们分开吧！她是多么痛心、多么委屈，整个世界瞬间变成了灰色。但她不愿用乞讨的姿态求他留下来，也知道乞求无用，不如就放手，痛痛快快地让他走。

他刚离开的那几天，她像丢了魂一样。凌乱的房间，蓬乱的头发，哭肿的双眼，对镜独照时把自己都吓住了，难道今后都要这样下去吗？她怎么想都觉得不值得，错的人不是自己，何苦要一辈子背负这份逝去的爱？就是从那一刻，她决心改变。

收拾好了房间，洗了温暖的热水澡，穿上最喜欢的衣服，化上精致的妆容，用黑米、香米、枸杞、红枣，熬成黏稠浓香的粥，滋养着委屈了好久的胃。吃过饭后，她坐在阳台上给自己泡了一杯茶，窗外飘着雪花，窗内温暖如春。

她想起一首名为*Lydia*的歌：“幸福不在远方，开一扇窗许下愿望，你会感受爱，感受恨，感受原谅，生命总不会只充满悲伤。他走了带不走你的天堂，风干后只留下彩虹泪光，他走了你可以把梦留下，总会有个地方等待爱飞翔。”她在心里反复琢磨着这些话，竟豁然开朗。

他走了，今后无须再彻底不眠地等他，不会再躺床上胡思乱想，想他晚饭后去了哪里逍遥；不用再为他熬夜，把自己整得面色憔悴；不会再每天追着问他想吃什么，不会再唠唠叨叨，不会浪费难得的假日等他回家团聚。可以有更多时间去逛街，看到满大街的衣裙，只要喜欢的就买，用不着再听他的“建议”……这样想着，她突然很想对他说一声谢谢：谢谢你的离开，让我有机会开始更精彩的生活。

不是每段恋情都有美好回忆，但也不是每段感情的结束都是一场悲剧。在每一个梦醒时分，悲伤难过都是难免的，可是人生还长，不用把未来的幸福都输给过去，更不必为了某个人的离开而放弃自己的生命。当一个男人开始怠慢你，或是决意离开你，无须用讨好的姿态唤回他，不懂疼惜你的人，愈是迎合愈得不到重视。

做一个淡定的女子吧！爱的时候独立优雅，离开的时候同样也要高贵潇洒。不畏谁的背叛，不畏谁的离开，收拾起悲伤，照顾好自己，重新认识自我，重新审视自己的价值，重新塑造自我，就像凤凰涅槃，浴火重生。

你永远有去爱的权利

《金枝欲孽》中的女人，无论是争名逐利、钩心斗角，还是善恶难辨、心口不一，可得知痴心错付、期望无果时，都没有回头的余地，只能长吁短叹，感慨命运。相较之下，生活在现代的女人幸运多了，不被宫廷礼数约束，不被男尊女卑牵绊，还有大把的青春如柳絮一般飞扬；不必为爱付出所有，也不必牺牲性命，只需自我调节、自我安慰、自我尊重、自我坚强而已。纵然爱错了，还可以回头，还可以继续追寻幸福。

人生路上，一时的风浪不会成为永远的阻碍，片刻的雷雨不会把希望浇灭，一时的错爱也不会让希望停歇。女人可温润如玉，亦可坚强如刚。生活掌控在自己手里，幸福与否全在于选择。你选择继续，选择坚强，希望就会延绵不绝。纵然年华与容颜终会随时光逝去，心里依然可以保留爱的权利。

遇到他之前，她的生命宛若平静的湖面，没有丝毫的涟漪。直到那天，在毫无防备的状态下，他就那样出现了。在那个人来熙往的车站，被大雨困住的她，焦急万分，他送了她一把伞。从此，两个陌生的灵魂便有了交集。

他们相遇的那个车站，名叫国家图书馆。为了还伞，她在车站等过他几次，上天眷顾她的真诚，果然让她等到了他。原来，他每个周末都会到图书馆看书。相熟后，她总是陪着他，安静地不说一句话。有时夕阳洒满余晖，在他的眼睛里跳跃，令她醉得一塌糊涂，挪不开视线。

他在备考英语。她知道，他的女朋友在美国，总有一天他也会离去，到那个陌生的国度，去和他心中所想的人相会。她什么都懂，却总是安慰自己说："没关系，我只是在为自己的幸福做一点力所能及的事。"说得潇洒，可心里隐隐地会疼，会有不舍和不甘。

圣诞来临，窗外白雪皑皑，灯红酒绿的城市里，空气里弥漫着浮华。她请他去广场看烟花，他去了。在烟花开始前的五分钟，出租车被堵到路口上，她趴在他的肩膀上哭了。他安慰她说："没事，看看车窗外，烟花多美。"她探向窗外，烟花虽美，绚烂短暂。她只觉得苦，觉得冷。

新年过后，他去了美国。所有的快乐与付出烟消云散，她失声痛哭，心痛难忍，天天跑去酒吧消遣。嘈杂的环境把她的痛苦无限放大，多少次默默流泪到天亮。只过了个把月的时间，她已经变得瘦弱不堪，整个人也是恍恍惚惚。

她有点怨恨命运，为什么偏偏让她遇见了他，而遇见了又要分开？他走了，她觉得自己的心都空了，幸福也没了。她把自己封闭在狭小的世界里，不允许任何人踏进。偶尔，在街头看到甜蜜牵手的情侣，她的心就像被刀划了一样疼，惆怅在心里化作浓烟，熏湿了眼眶。她想象，此刻的他在美国做着什么？是不是和他的她，幸福地漫步在校园。而今，自己的世界里，只剩下孤独与苍凉。

偶然的一天，她在邮箱里看到一封邮件，看日期，是他临走的前几天。邮件上写道："你的心意我懂，谢谢你。与你相处的时光很快乐，可是对不起，我们相遇的时间不对。我相信，你会等到那个爱你并真正属于你的人出现。"

原来，他什么都懂，什么都知道。她对镜独照，看到自己蓬乱的头发和苍白的面孔，有些陌生。这还是原来的我吗？她不禁自问。他印象中的自己，肯定不是这番模样。她振作起来，梳洗打扮一番，穿上最喜欢的衣服，走出了家门。

窗外阳光明媚，冰雪消融，春天悄悄地来了，芬芳满园。她忽然觉得，自己能在最美的年华里遇到他，已经是一件幸福的事了。就算没有了后续的故事，但也是一段值得珍藏的回忆。想到这里，她忽然觉得心里暖暖的：他走了，带着她给的幸福走了，而留下的，同样是甜甜的回忆与温馨。

生命不就是这样吗？遇见了，一路相伴，那个人教你学会爱，学会生活，学会付出，学会幸福。即使他走了，你还有追逐幸福的权利，还要学会继续寻找爱、付出爱、充满爱。

女人要学会让自己时时刻刻光彩照人、美艳动人。无论风浪如何袭来，无论困苦如何纠缠，总是自信满满，微笑满面，以最好的姿态示人，就像从来没有受过伤一样，就像从来没有失败过一样。错爱可弃，但真爱仍需努力。只有自己幸福，才能给别人带来幸福。

做一个有爱的女人吧！胸怀宽广，温暖照人，给身边的人播撒幸福，给自己一片晴空。做一个能创造幸福的女人吧！不颓废，不懒散，不轻生，不厌世，不放弃追逐爱的权利，边流泪边微笑，边奔跑边欣赏。

经济独立是最大的安全感

钱，对于任何人来说都是必不可少的。尤其是女人，每天为柴米油盐斤斤计较的时候，总会感慨钱是多么重要；在风华正茂时为了房子、车子、孩子、老人大伤脑筋的时候，更是感叹钱是多么不可或缺。

面对现实的问题，不少女人会发出叹息：当初要是嫁个有钱人就好了！可真的嫁给了有钱人，就可以安心地做全职主妇，省略所有烦恼了吗？

刘菲结婚前在一家外企做文员，每天朝九晚五，虽然偶尔有点累，但生活还是很惬意。她从来没有想过嫁个有钱人，可事情偏偏那么巧，一次酒会上，她认识了后来的丈夫阿亮。阿亮的父亲做房地产生意，他也子承父业入了这一行，可谓是年轻有为。当阿亮向刘菲求婚时，刘菲欣然同意了。

周围人都羡慕刘菲，嫁给了王子般的男人，一跃成了阔太太。她的生活不再是单调的两点一线，她到马尔代夫度假、到香港购物，出入高档俱乐部……这种有钱人的生活，让刘菲感觉幸福来得太突然。为了照顾好阿亮的生活起居，她辞掉了自己的工作，也不雇佣保姆，而是专门做起家庭主妇。

然而，有钱人的太太并不好当。换成是普通男人，你每天为他洗衣、做饭、料理家务，陪他谈谈心，他会觉得很知足。阿亮却不这么想，他把商人的精明带回了家，认为刘菲是为了每个月一万块钱的生活在向他献殷勤。很快，阿亮把刘菲的零用钱降到了三千块。刘菲一下子慌了，她上班时的工资也有六千块钱，现在却缩减了一半。习惯了穿名牌、做美容的刘菲，显然无法适应。有时，她还想拿一些钱孝敬自己的父母，可有限的生活费让她很拮据。渐渐地，刘菲发现，自己嫁的是一个金龟婿，可过的生活却不如从前，还要经常忍受老公的怀疑、讥讽。被钱考量的婚姻，让刘菲感到很尴尬，心里真后悔当初辞职的决定。

嫁给有钱人，看似生活无忧了，可事实上若没有独立的经济来源，始终是无法跟对方站在同一水平线上的。经济独立，是获取平等尊严的一种方式。更何况，生活无常，你永远不知道明天会发生什么事，谁也不敢保证今天的阔太太，十年之后还会跟现在一样。保持经济的独立，也是获取安全感和稳定生活的保障。

刘菲的故事，也在提醒众多女人：嫁给有钱人无法解决所有的问题，你仍然要保持自食其力的能力。回归现实的生活，我们会发现，大多数人还是过着平凡的日子，所嫁的男人也是凡人中的一分子。如果对现在的生活不满意，迫切希望改变经济状况，也不要一味地怨怼爱人，埋怨生活。女人的指责只会让男人更沮丧，除了偶尔会制造些争吵外，日子只会一天天拮据下去。两个人的家，不能指望一个人去努力，你可以想办法自己在经济上助他一臂之力，做一个能撬动财富的女人。要知道，许多有钱人、有钱的阔太太，也是从白手起家的阶段过来的，他们依靠的不是选择现成的有钱人、有钱女，而是共同承担所有。

过去的肖雨，并不是一个会精打细算的女人，每个月拿着不菲的工资，到月底就全花光了。结婚后，虽然丈夫没有限制她花销，可她明显感觉生活的担子重了，逢年过节要看望父母亲戚，平时要养车供房，还要养孩子。这些事，不知道什么时候装进了肖雨的心里。因为丈夫只是一个普通的职员，把所有的担子让他一个人扛，显然是不现实的，她心里也不忍。该怎样攒点钱呢？

肖雨唯一知道的方式，就是把钱存在银行里，这个方法最简单，风险最低。就这样，肖雨把自己每个月的工资分成两部分，每月一发工资，一半的薪资就会转存到固定的账户，心里就当它不存在。

一晃，六年的时间过去了，肖雨从来没有动用过这个存折，月存入的钱也跟着她的工资增长而增长。等到孩子也该上小学时，肖雨发现里面已经有近三十万块钱了。当时，丈夫正准备筹资做一家小的贸易公司，刚好差十万块的启动资金。肖雨取出存折里的一半资金，交到老公手上时，老公顿时愣住了，他没有想到，自己印象里那个花钱大手大脚的妻子，竟然能给自己雪中送炭。

有了几年理财经验的肖雨，此后依然保持着固定存入工资的习惯，并又开始尝试其他的理财方式。虽然她的存款不算多，但不断地为自己、为家里储蓄财富，让她觉得很有安全感。倘若日后的生活发生什么变动，至少还有一些钱作为保障。

可见，女人赚钱理财，并非一定是要追求享乐，更重要的是保持经济上的独立，获得心理上的安宁，改善家里的生活质量。聪明的女人，一定会让自己有笔可观的存款，如此她才能大方地去定义属于自己的幸福人生。

不要以为做到这点有多难，只要你肯努力，不贪图安逸，就能依靠工作得到收入。有了收入，接下来就要精打细算，掌握一些理财之道。能够做到这两点，你不仅可以自由自在地支配金钱，还能让家庭的积蓄一点点地多起来，朝着你渴望的那种生活迈进。

从内心开始武装自己

女人想要一辈子活得幸福，依靠的是什么？

有人说是婚姻。女人，干得好不如嫁得好，在青春曼妙的时光里，找一个条件优异的男人结婚，一生的幸福就有着落了。可谁又想过，当初的痴情郎不会变心；谁又敢保证，当年的钻石王老五，能够相安无事几十年？若一切不再，只剩最初的“她”和“他”，那幸福还会在吗？

青春不是永恒的资本，婚姻也未必是幸福的“长命锁”。岁月流逝，青春会老，没有任何灵丹妙药能让一个女人永远年轻美丽，当容颜老去，无人能够留住当年的风姿；不懂经营，再甜蜜的开始，再豪华的婚礼，也无法阻挡离别的悲剧。

真正有能力获得幸福并让幸福长久的女人，都是生活中的强者，她们依靠的不是外在的美丽，亦不是凌霄花般的攀附，而是内在的富足与修养。内在的修养，给她们带来的风采，经久不衰；内在的富足，给她们带来无穷的智慧，让她们能守住幸福。

高尔基说：“学问改变气质。”

女人，应该多读一点书。唯有以知识作为后盾，在面临大事的时候才有底气；唯有用知识丰富自己，才能给单薄的美丽平添几分气韵与智慧。

在美国，许多学校都会邀请一些社会上的知名人士做演讲，以此鼓舞和启发学生。南卡罗来纳州的一所建工学院有一次早早地告知学生，将会有一位重要人物为他们发表演说，这位女性是美国社会的顶尖人物。

相对于美国的其他院校来讲，那所建工学院的规模并不大，师资力量也不太雄厚，能够邀请到这样一位大人物来演讲，师生们都倍感荣幸，心生期待。

当天，在距离演讲开始还有很长时间，礼堂里就坐满了学生。预定的演讲时间到了，学生们看见一位优雅的女性，迈着和熙的风一般的步履，面带微笑地走到讲台前，她用坚定而温和的目光审视了在座的所有听众，然后微笑着开了口：

“我知道，在座的各位可能会因为各种原因不满意现在的生活环境和学习环境。但我想说的是，你们现在所处的环境，比我当初生活和学习时的环境好很多。我的妈妈是个聋子，她无法像邻居家的母亲那样，每日与我说话交谈。我不知道自己的父亲是谁，也不知道他是否还活着。我平生得到的第一份有报酬的工作，是到棉花地里摘棉花。这一切，看起来都不尽如人意。不过，我知道抱怨无用。后来，我找到了平生第二份没有报酬的工作，就是读书。或许，正是因为它，才让我今天有机会站在这里，和你们见面。”

台下所有的听众都惊住了，面面相觑。接着，这位女士又继续说道：“如果，你觉得现在的生活或学习情况不尽如人意，总是可以想办法加以改变。一个人的未来会如何，不是因为运气，也不是因为环境，以及出生后的状况。如果一个人想要改变眼前充满不幸或无法尽如人意的情况，只要回答‘我想要什么’这个简单的问题，然后全身心投入，采取行动，向着自己理想的目标前进即可。

“这就是我，一位美国财政部长要告诉大家的我的亲身体验。我的名字是阿济·泰勒·摩尔顿，很荣幸在这里为大家做演说。”

演说不长，留下的深意却耐人寻味。女人由于自身生理的原因，还有生活中要扮演多重角色的压力，无法像男人一样，有那么多的时间和精力去读书。可如果男人每天读几十页书，女人可以一天读几页；男人可以用整段的时间学习，女人也可以利用生活中的零散时间来学习。阿济·泰勒·摩尔顿不就是这样，一步步地从摘棉花的乡下女孩，成长为美国财政部长的吗？她如今的生活，全是依靠着内在的富足创造的；她的精彩人生，亦是依靠着自己的力量获得的。

现在已然不是“女子无才便是德”的年代了，不管是身处职场作为一个职业女性，还是身处家庭相夫教子，学识渊博、有修养内涵的女人，都会更受人欢迎。以日本来说，女人在婚后往往都会做全职主妇，但日本男人在选择妻子时，还是会把女人的学识放在首位，这就是最好的说明。

若希望自己能够在社会中常有立足之地，希望在生活和事业上和丈夫有共同语言、能出谋划策、做他的帮手，希望在孩子的学习和对人生的认识与理解上提供建议，那就需要博览群书，认识世界。当然，最重要的是，读书还可以帮助女人获得心灵上的富足与安宁，它是改变一个女人最有效的力量之一。

在时间的洗礼中，容貌、身材、财富都有可能随着境遇的改变而变迁，唯有内在的富足和心灵的宁静，不会因为时光的流逝而变得丑陋和贬值。相反，越是在无常的生活中，它的价值越会凸显。所以，要成为一个幸福的女人，必须从内心开始武装自己，这是生命最原始的力量，亦是最难被击垮的力量。

Chapter 7

人生不为谁止步，给自己留一片天空

美貌和财富，一个不能少

台湾名女人何丽玲，曾经在一次访谈中说过：“我很小就明白，美貌和财富是女人一生中最重要的事情。”被耀眼光环笼罩的她，曾经毕业于不起眼的高职学校，后来成为著名的台商。在台湾做股票、房地产、美容，在大陆投资餐饮事业，积累了相当的财富。

现代社会不同于过去，不会赚钱的漂亮女人，被人笑着称为“花瓶”。在压力越来越大的今天，花瓶女人想要靠着美貌寻求一辈子的依靠，也不是一件容易的事；只会赚钱不懂装扮自己的女人，又少了一点情趣和韵味，沦为生活的奴隶、赚钱的机器。奋斗与享受、美丽与独立，应当是女人生命里的两条平行线，但要两者之间保持平衡，就需要靠理财来实现。

在外企工作的小露，最喜欢购物的感觉。每次工资一到账，定要出去疯狂一番，看着自己满身的名牌和美丽的容貌，那种感觉令她仿佛置身于美丽的舞台中央，闪闪夺目。虽然她的工作稳定，薪水也高，但经不住她的折腾，总是做“月光女神”，有时候还会面临断粮的危机，只好用信用卡来填补。

遇到逢年过节商场打折，更是令她兴奋不已，连信用卡都要被透支掉。她有些自知之明，也发觉自己是个严重的购物狂，但是到了该消费的时刻，依然忍不住将手上的钱送出去，换一身美丽的新装。

有一次刚好赶上圣诞节，商场品牌服装大减价，小露就红了眼，钻进衣服堆里，左挑右选，试来换去，一会儿挑中一件毛衣，一会儿买了一件外套，一会儿又提出来两双鞋子，不大一会儿，信用卡就透支了。她徜徉在优惠的海洋里，幸福极了。

她的好友苏怡与她截然不同，只选了一件纯白色的上衣和一双普通的鞋子。小露劝她多买几件，苏怡却说："我和丈夫开了一个小店，生意刚刚起步，不能这么浪费，衣服够穿就好。"

"不要后悔，现在很便宜。"小露满不在乎地说着，晃了晃手中的袋子。

苏怡点点头说："这样就够了。"说完，苏怡拉着小露离开了商场。

几年后，小露还是那个小露，虽然结了婚，但是仍然很难空出多余的钱，生活压力越来越大，她只好努力地省钱。而苏怡的生意已经扩展到好几家连锁店，房子、车子都有了。这时的苏怡，日子远比小露过得惬意和轻松，可不变的是，她依然对消费保持着一种理性的态度。

茱蒂·瑞斯尼克说："女人要青春，要美丽，要遇见好的男人，更要有钱才会幸福。女人开始投资和储蓄，越早起步，成功机会越大。"脑袋决定口袋，口袋里的自由，决定着女人一生的幸福，也决定着她脸上的笑容。

不得不说，在这个竞争激烈的社会，女性经济独立已经成为必不可少的话题。女人不仅担负照顾家庭的重要职责，还要学会打理好家庭和事业的关系。女人的理财能力直接决定了家庭的生活质量，也决定着女性自身的幸福指数。

路娅似乎天生对数字不感兴趣，对于理财更是一点儿兴趣也没有，还觉得是一件很烦的事情，避之唯恐不及。路娅追求时尚和美丽，爱逛街。结婚三年来，一发工资她就会去逛商场，各式各样的化妆品、不同款式的衣服一买就是一大堆，从来不算算钱应该怎么花，能够花多长时间，每次到了月底就捉襟见肘了。而丈夫因为不受路娅管制，花钱更是肆无忌惮、大手大脚，经常与朋友们出去喝酒、唱歌。

去年年底，婆婆突发脑出血，住进了医院的重症监护室。路娅和丈夫迅速赶回老家，虽然婆婆暂时保住了性命，但需要支付一笔高额的医药费。路娅一算，家里哪有多余的钱啊，最后还是四处借钱凑齐了药费。背负了债务之后，路娅的心里也蒙上一层阴影，她开始后悔，为何当初自己没有一点点的理财意识呢？若能节约一点，也就不会到这样的地步。

有句名言是这样说的："理财永远是一种思维方式，而不是简单的技巧。"对于理财，女人首先要掌握的是一种态度和理念，理财无法使你一夜致富，其本质在于善用手中一切可运用的资金，照顾人生或家庭各阶段的需求。

女人要学会经营生活，早点为生活"算计"，不管现下的境遇是好是坏，都得未雨绸缪，做好迎接风雨的准备。有了足够的资本，才能有闲情逸致在悠闲的午后端一杯咖啡静静地欣赏夕阳；才能够在疲惫的时候远行，到静谧的湖边吹风、看美丽的晚霞；才能买一张音乐会的门票，好好地陶冶情操。总而言之，一个美丽且懂得打理财富的女人，才能优雅富足地过一辈子。

学会做几道拿手好菜

有一篇名为《有一种女人嫁给谁都幸福》的文章，里面谈到：有一种女人，无论嫁给建筑工人还是国会议员，她都有能力让自己过得幸福。

文中提到的主人公，是一个三十五岁的女人，姿色平平，学历一般，却嫁了一个器宇轩昂的丈夫，据说对方是硕士学历，后做家具生意发了财。朋友见其嫁得如此之好，不禁羡慕。可羡慕之余，又知道她的故事不会那么简单。

主人公是个懂得经营生活的女人，也具备了让自己幸福的能力。提及幸福的能力，第一条便是：做会菜，会煲汤，会踏实过日子。

她嫁给丈夫的时候，他只是一个年轻的大学讲师，但他的激情和儒雅气质，吸引了不少女生。她也迷恋他，那时候她根本没想过，这个气质非凡的男人，只有一间二十平方米的筒子楼宿舍。

婚后的生活有点拮据，可如胶似漆的爱能弥补物质上的不足。她做得一手好菜，老公最爱喝她熬的汤，排骨炖莲藕、鲫鱼萝卜丝、芋头娃娃菜……每次喝的肚儿圆圆才放下碗。看到老公简单满足的微笑，她觉得，这就是幸福。

后来，丈夫厌倦了教学的日子，她也看出来他的心思，便鼓励他去创业。那段日子不好熬，他经常四处碰壁，回到家也难免会跟她发脾气。她背地里哭过，可还是选择了理解和包容。她比从前更用心地操持家务，把租来的房子布置得整洁温馨；老公夜归的时候她总在灯下等着，接过沉重的公文包，递上一杯热茶，给他炒个爱吃的菜。临睡前，两口子坐在床头聊聊烦心的事情，共同商量解决问题的办法。

到了现在，丈夫虽然飞黄腾达了，应酬也不少，可是很多时候，只要能推掉的应酬他都会推掉，他对她说："到哪儿吃饭，吃多好的饭菜，都不如在家喝一碗你熬的汤。吃着舒服，吃着顺心。"

中国传统里，女人与厨房几乎连为一体。如果女人不会做菜，那她便是失德。现代社会，女人早已走出了厨房的羁绊，但是下厨未必就不是女人的必修课。对于男人来说，家的味道就是妻子手中热气腾腾的饭菜。无论这个男人在外打拼多么辛苦，只要一想到家中温暖的烟火，定会心升暖意，精力充沛。

那些能让老公恋家的女人，定能做一些拿手好菜勾住老公的胃。清晨，给他备好面包，煎个鸡蛋，既营养又简单随意，让他睁开眼睛便能看见你的爱心。傍晚，结束了一天的劳累，让他回到家中，闻到浓浓的饭香，忍不住一头扎进饭菜里，那可口的饭菜、合意的味道，让他明白你一如既往地爱着他，让他心灵甘愿停靠于家的港湾。

和丈夫吃完饭后，她要送他去机场。一桌子菜，全是他的最爱。为了做一桌丰盛的晚餐，她在厨房里忙碌了整整一个下午。她的厨艺算不上多么精湛，可她知道他爱吃什么，会变着法子给他做。他迷恋她做的菜，像个馋嘴的孩子，无法掌控自己的胃口。

他要去另一个城市出差，路途不远，但一周不能回来。她送他，满是不舍，虽然这样的场景一年总要上演几次，但每次她都担心他的安全，时刻牵挂。

一周后，他回来了。刚进门，就有一股香气扑鼻而来，是她做菜的味道，是他喜欢的味道，又是满桌子的美味佳肴，他紧紧地抱着她，舍不得放开。她推开他，帮他盛饭。席间，他叹了口气说："还是家的感觉好，你不知道，我在外奔波，吃饭不定时，每当我路过别人家的门前，听着一屋子的欢声笑语，就想你做菜的味道，别人永远不了解我，只有你，才最懂我。"

她笑而不语。其实，她是将爱当成作料，当刀下有菜叶飞过，锅里传来阵阵清香，一样样美味从她手中拿出，她会感觉到最大的快乐。

确实，即使是饭店最高级的厨师，也做不出妻子的味道，因为只有妻子才更了解自己的喜好。饭馆里缺少家庭中爱的氛围，也缺乏家的温馨，更少了一份家的宁静与和谐。有朋自远方来，妻子做几样拿手好菜，配几两小酒，片片温情，在口中融化，在心中暖暖；拜访父母，煲一锅好粥，配一些小菜，片片孝心，浓浓深意，对亲人的祝福与爱意飘上心头。

品位与金钱无关，重要的是拥有经营幸福的能力。学会做几样拿手好菜，不必要满汉全席，那太奢侈太高雅；也不一定是为了抓住男人的心，只是有饭香的家，更有家的味道。

与此同时，下厨也是一种生活的调味剂，就算爱人孩子都不在身边，亲自下厨为自己做一两道精致的小菜，烤一炉鲜香的蛋糕，配上一杯红酒或咖啡，也不失为一种惬意的享受。

留一杯咖啡的时间给自己

那是七年前的事了。

我下班后，去了朋友推荐的咖啡屋。一下车，真的完全被浓郁的咖啡香吸引了。马路对面是一片青草绿地，混合着这股香气，让我感觉一天的疲倦都消失了。也许，我骨子里就是一个爱浪漫的人，我总觉得，闲暇的时候去喝咖啡，是女人宠爱自己的方式，是一种情调。

咖啡屋的木把手是木头的，玻璃门上挂着一块木质的牌子，上面刻着一行英文：love yourself。进去之后，感受到的是橘黄色的灯光，看到的是五颜六色的咖啡包装袋，墙上和地上都印着咖啡文化。我第一次觉得，咖啡竟然可以这样美。

晚上，咖啡店里的客人进出不断，老板特意播放着比较欢快的爵士乐。我找到一个角落坐下，点了一杯摩卡。这里的服务生很有特色，不是普通的雇员，而是喜欢情调、喜欢咖啡、喜欢美语的自由职业者。原来，这家店的老板是一个美国小伙。服务员耐心地给我介绍着咖啡文化，说每种豆的不同口味，并且根据我的口味帮我挑了一款偏甜的豆。可以说，又是一次惊喜，除了可以挑选咖啡的种类，还可以挑选不同的咖啡豆。

品着咖啡，听着音乐，望着降临的夜幕、灯火辉煌的街头，一种惬意感、幸福感油然而生。工作的烦恼，生活的压力，在这一刻都化为了乌有。我有点爱上这种感觉，一杯咖啡快喝完了，我却意犹未尽。我突然觉得，这不仅仅是喝一杯咖啡，而是在享受一种氛围、一种情调。更重要的是，比起逛街购物犒劳自己而言，这种慢节奏的放松，让我的心更平静。

从那天起，我就爱上了咖啡，也爱上了这间咖啡屋。

业余时间，我开始研究和咖啡有关的东西，也经常会来这里跟热情的美国老板交流。他人很好，热情随和，教了我很多东西。自那以后，速溶咖啡从我的家里彻底消失了，取而代之的是一套咖啡壶，以及各种不同口味的咖啡豆。是的，我把家里的小饭厅，装修成了一个迷你咖啡屋。

忘了有多少个午后，我看着柔和的光线从墙上精致的壁灯里流泻出来，耳边响起清新的乡村民谣，轻轻地诉说着纯粹的情怀。在这样的氛围里，来一杯浓香的咖啡，让夹杂着苦涩的芬芳传遍身体的每一个细胞……那一刻，我觉得，做女人真好。这样绝美的情调，这样细腻的情思，唯有如水的女人，唯有懂得生活、懂得宠爱自己的女人，才可以感受得到。

后来有一次，我无意间看到了这样一句话："女人像咖啡，不同的特质，犹如咖啡不同的种类。"仔细咂摸，确实意味深长。

浪漫的女人像卡布其诺，涌起细腻、可爱的泡沫，给人无尽遐想的空间，香醇回甘，令人陶醉；有韵味的女人是蓝山，优雅动人的体态，悠然的味道，是映在眼睛里、刻在心里的倒影，百转千回；娇媚的女人是哥伦比亚，若有若无，若隐若现，悄无声息地打扰了安静的灵魂，却让灵魂再无法平静；温柔的女人是巴西山度士，温和清爽，像一位含蓄而充满内涵的朋友，在需要的时候给你安慰和平抚；坚强的女人是黑咖啡，在生活的压力下榨出独特的味道，尝起来浓浓的苦，想起来却是淡淡的香。

其实，女人不只是像咖啡，女人的生活里更需要咖啡一样的情调。在生活的繁忙中，抽身而出，为自己煮一壶咖啡，卸下伪装与疲惫，品味苦涩，品味浓香，品味生活，品味自己；无比惬意地端起一杯咖啡，将快乐或伤感的心事融合在咖啡的味道里，静静地沉淀、慢慢地怀想，把一杯咖啡喝得悠深绵长。试问：还有什么比这更惬意的吗?

咖啡是有内涵的，需要细细品味，且喝的方式也很讲究。

不管咖啡豆的品质多好，冲泡技巧如何高明，若不趁热去品尝，都无法感受到咖啡原本的风味与口感。把咖啡杯在开水中泡热，在83℃的那一刹那冲泡咖啡，倒入杯中时刚好80℃，到口中时62℃左右，最为理想。

咖啡端上来，先要尝一口纯咖啡。每一杯咖啡都是经过五年生长才能够开花结果的，经过一系列复杂的工序，再经煮咖啡的人悉心调制，若不趁热品一口不加糖、不加奶的纯咖啡，实则可惜。好咖啡微苦，口感醇厚，由奶香到咖啡香，层次分明。

咖啡匙如何用，是一个细节。我见过一些女孩，喜欢把咖啡匙当成小勺来舀咖啡。经常喝咖啡的人都知道，咖啡匙只能用来搅拌咖啡，搅拌后要将其放在一边。喝咖啡时配一些点心，但要注意，千万不能一手端着咖啡，一手拿着点心，吃一口喝一口地交替进行。喝咖啡时放下点心，吃点心时放下咖啡杯。

不要说这是矫揉造作，真正优雅的女人，不管何时何地，都会留一份精致的姿态。

孤独是一个人的好时光

杰奎琳的风格是如此鲜明，充满智慧、富有创造性。从入主白宫成为肯尼迪夫人，到嫁给希腊船王亚力士多德·欧纳西斯，杰奎琳给那个年代留下了深深的印记，成为美国人眼中永远的第一夫人。

尽管她的第二次婚姻不被美国人所理解，但她没有辩解，在爱和恨、在恭维和侮辱面前，她选择了沉默，也选择了自己需要的生活。她信奉并身体力行的是："我生来并非是为了支配别人或是忍辱负重。我的生活只关我自己的事。"

每个女人都应该学会不要活在别人的认可里，快快乐乐地为自己活，潇潇洒洒地"自恋"。

玛丽亚每天都在房前的空地上练习唱歌。一位邻居听了，冷笑着说："你即使练破了嗓子，也不会有人为你喝彩，因为你的声音实在是太难听了。"

玛丽亚回答道："我知道，你所说的这番话，其他人也对我说过多次，但我不在乎，我是为自己而活着，不需要活在别人的认可里。

我只知道在唱歌时我很快乐，所以无论你们怎么指责我的声音难听，都不会动摇我唱下去的决心。”

每个人的人生都属于自己，你不需要处处参照他人的模式，畏惧别人的议论，否则，你的一生只能悲哀地活在他人的阴影里。事实上，人活在这个世上，并不一定要压倒他人，也不是为了他人而活，一个人所追求的应当是自我价值的实现以及对自我的珍惜。一个人是否实现自我并不在于比别人优秀多少，而在于在精神上能否得到幸福的满足。

然而，在现实生活中，很多女孩却常常为同学一句无意的嘲笑，或在工作中同事一次无心的抱怨而闷闷不乐，甚至开始彻底地怀疑自己、否定自己。其实，这样的心态是不对的。虽然我们有必要听取别人对自己的评价，但也不能过分在乎。

范晓萱在一次接受访问时说：“以前我很辛苦，因为我太在乎别人的感觉，太在乎其他人怎么看我，所以，我很多时间都要去想别人怎么看，我想做得面面俱到，把自己弄得很辛苦。现在，我开始跟着感觉走，也能比较清楚地表达我的看法就是这样。我只是想活得轻松一些，不要那么辛苦。”

的确，一个人一生为别人的评论而活着是很累的，也很愚蠢。埃莉诺·罗斯福说：“未经你的同意，没有人能使你感觉卑微。”古希腊谚语也说：“除了自己，没有人能够侮辱我们。”

我们每个人都不可能孤立地生活在这个世界上，很多的知识和信息来自别人的教育和环境的影响，但你怎样接受、理解和加工、组合，是属于你个人的事情，这一切都要你自己去看待、去选择。谁是最高的仲裁者？不是别人，正是你自己！歌德说：“每个人都应该坚持走自己开辟的道路，不被流言所吓倒，不受他人的观点所牵制。”让人人都对自己满意，这是不切实际、应当放弃的期望。

我们周围的世界是错综复杂的，我们所面对的人和事总是多方面、多角度、多层次的。我们每个人都生活在自己所感知的现实中，别人对你的看法大多有一定的原因和道理，但不可能完全反映你的本来面目和完整形象。别人对你的态度或许是多棱镜，甚至有可能是让你扭曲变形的哈哈镜，你怎么能让人人都满意呢？

如果你期望人人都对你感到满意，必然会要求自己面面俱到，但无论你怎么努力，能做到完美无缺，得到所有人的肯定吗？显然不可能！这种不切合实际的期望，只会让你背上沉重的包袱，让你顾虑重重，活得太累。只要懂得享受自己的生活，不受别人的消极影响，自己觉得高兴、满足、自得其乐，你的生活就是幸福的。

远离泡沫，清醒地活着

杨澜说：“女孩到了二十几岁，就要开始远离那些虚假的偶像剧了，电视里的白马王子与灰姑娘都是生活里的男孩或者女孩向往的，它并不真的存在，像电视剧里出现的一些情节有时候也深深影响了人们的观念，比如一些电视剧里会出现恶毒的婆婆，或者是发现深爱自己的人竟然是自己的兄弟姐妹等，这些情节就是为了让人们情绪波动的，它并不能与现实生活挂钩，它是超越了生活的，女孩子不应该沉溺于这种造假的童话氛围里，有时间多看一些帮助自己的节目。”

电视剧中的情节来源于生活，但又高于生活。泡沫剧是一种慢性毒药，会不知不觉让人丧失判断力。尤其是心思细腻、情感丰富的女孩子，最容易在虚幻的场景中丧失思考的能力。

泡沫剧本身就是一种梦幻中的连续剧，像泡沫一样似梦似幻，梦醒后就消失无踪了。一夜暴富或者一夜间一贫如洗的场景现实中或许会有，但是现实绝不会像泡沫剧中那样简单直白，生活也没有那么容易，爱情、亲情也没有那么决绝，很多时候，一个人内心的选择和纠结，都源于未知的生活。而泡沫剧的结局则会随着人的意愿而改变，这就是泡沫剧与现实的差别。

小梦就像她的名字一样，整天生活在梦中。从高中时代开始，韩剧就成了她生活中的一部分。高中学业紧张，与韩剧相差甚远。她幻想着，若自己能考上一个很好的大学，她就会像韩剧中的女主角一样，在美丽的大学校园里找到一个帅气且体贴的男朋友。

为了这个目标，小梦真正付出了自己的努力，在挥汗如雨的战场中奋力厮杀着。高考结束，当她终于拿着名牌大学的录取通知书的时候，她想象着自己憧憬的美好未来会一样一样在现实中满足她。

可是大学并不像她想象的那样轻松，很多人为了自己的理想，苦苦奋斗着。她并没有等到韩剧中的那些帅哥围着她转，并且毫无怨言地任由她刁蛮下去。她看着韩剧中的那些漂亮又幸运的女主角，发觉自己的命运并不是很好。

生活在继续，大学四年，她谈了三场恋爱，第一个男孩子帅气阳光，可是家境贫寒，没有钱给她买想要的礼物和美丽的衣服，她觉得那不是她想要的生活，于是就分手了；第二个男孩子帅气又多金，很会讨女孩子欢心，可是没过多久，她发现他的女朋友遍布整个校园，韩剧中痴情的男人终究不是现实中的他，于是她又放弃了；第三个男孩长相一般、家境一般，对她死心塌地又很努力，可是男孩太过于平凡，成不了她心中的白马王子，于是不久就结束了。

直到大学毕业，她也没有寻觅到自己心中完美的另一半。朋友告诉她，不要老是沉溺于泡沫剧中，那是个神话般的世界。泡沫剧的命运的是大众的幻想，生活是真实且残酷的，你永远也找不到最完美的男人，但是你可以依靠自己来改变他们，使之成为你心中想要的模样。

由于失望，她不再寻觅幻想中的生活。她发现现实和剧中的生活真是千差万别。泡沫剧中到处都是美好，现实却不是。现实是一个需要竞争的地方，现实是一个靠智慧和双手才能生存下来的地方，现实中的人们感情世界很难触碰，人们脆弱、容易受伤，有时候也会用冷漠和麻木将自己包裹起来，现实中的爱情需要面包来供养。

为了生计，她必须努力工作。几年后，她成了一家公司的业务主管，和一位汽车行的小老板结了婚。那个男人不是韩剧中帅气阳光的男人，却自主创业，有着一颗永不放弃的心和不怕吃苦的勇气。即使作为老板，他也从不沉溺于儿女私情，事业和家庭都是他人生最重要的东西。他勤奋工作，也对她呵护有加，她忽然发现，这个男人身上散发出来的魅力，其实才是她心中最完美的爱情需要的因素。

心存美好的愿望，可以以此来激励美好的追求，却不能将泡沫剧中的幻想当成现实。一个优秀的女孩，绝不会耗费自己大把的青春在泡沫剧上。她们不会自欺欺人，用泡沫剧填补自己生活的空白。社会并不会随随便便就给你想要的东西，自己的生活要靠自己去创造，自己的未来掌握在自己手中。要知道这个世界上有很多人，都是经历过更多的挫折和困苦才成长起来的，那些家财万贯又风光无限的名人，背地里吃了多少你想象不到的苦。

幸福不是一件华丽的衣服，也不是醇香的美酒，更不是豪车里的风光，而是心灵深处那个闪闪发光、自信满满的自己，是双手撑起来的万里晴空。做一个幸福的女人，应该脚踏实地地努力，主动去寻找和创造自己要的生活，而不是沉溺于虚幻的假想中，痴人说梦。

找到自己真正喜欢的事

有时候，人不一定只拥有物质上的满足就会活得幸福，也不一定得到爱情的滋润就会称心如意。有时候，精神上的满足比任何物质都充实，内心饱满，生活才会充满意境。

当工作由巅峰转入瓶颈的时候，她已经开始反思自己。为了不让自己陷入低沉的深谷里，她开始专心画素描。只是一个简单而清澈的线条，就会融入人的所有情感。空闲的时间，在人来人往的天桥上画，在儿童嬉戏的公园里画，在潺潺流水的小河边画，在臃冗繁杂的步行街画……在每一个似梦如真的地方画，她忘情地画着，手中的笔如心头延绵的情感，缓缓流淌。

画板是旧的，大学时代最喜爱的东西，毕业后投入社会中被丢弃在一边。偶尔拾起来，依然那么有魔力。有时候欣赏着别人的容貌和表情跃然纸上，竟有一种难得的惬意。熟练的时候，也敢拿到办公室去，任由同事评判，也会涌出满满的成就感。

同事们都说：“你的精力真旺盛，心情看起来不错，钱都没得赚了，还这么悠闲。”

只有她自己知道，压力排山而来，有时候不是那么容易排遣的。借着喜欢的东西来淡化不开心的事情，也是一种自我调节的方式。用这种方式，将内心的悲欢喜怒转移到别人的表情里，自己也会轻松很多。

没有谁会不为自己的前途担忧，谁会不为自己的明天做打算呢？只是生活遭遇逆境，难道就要顺从地悲观下去吗？难道就不能换一种方式开始一种新的生活？人生总是有坦途、有泥坑，遇到困苦的时候，与其闷闷不乐地封闭自己，不如打开另一扇窗透透新鲜空气。乏味的人生需要自己的兴趣来激活，苦恼的压力也需要兴趣来拯救。

兴趣爱好是一个人的精神食粮，支撑着女人的精神世界。它犹如女人心灵的一块绿洲，在人生旅途干涸的时候，滋润慰藉女人的心灵，它不但能陶冶你的情操，培养你的气质和修养，让你除了为人妻、为人母外，还是一个有质量的女人。

人总是会累的，在生活的海洋里漂泊，总有需要靠岸的时候。爱人可能离去，金钱可能散尽，朋友可能变心，那么，你的兴趣爱好就能成为你最后的港湾，心灵永久的栖息之地。女人的爱好，即使只有一样，能在和他生气的时候让自己开心，在事业不顺的时候给自己勇气，在被遗忘的时候找回信心，这就足够了。

阿西与丈夫结婚三年，终于有了自己的小宝贝。知道自己怀孕的阿西既有欢喜也有忧虑。她不愿意舍弃自己工作了五年的单位，也不愿意挺着肚子上班，忍受拥挤的交通。两者选其一，她反复纠结，在脑海里形成了挥之不去的阴影。

丈夫劝她不要外出，安心在家养胎。她虽然不情愿，却还是辞职了。久而久之，她就养成了习惯，每天在家里打扫卫生，看看电视。日子如同反复播放的录像带，枯燥乏味。“没意思”成了她的口头禅，听得老公耳朵都起茧子了。

一天，她照例对着丈夫抱怨“生活也太没意思了”。丈夫就问她：“那你为什么不找点有意思的事情做呢？”

“什么才有意思呢？”她诧异地问。

“你以前不是一直想学钢琴吗？那个时候我们没有钱，现在刚好你没什么事，不如就开始学钢琴吧，以后也好教我们的孩子。”

阿西听后恍然大悟，原来自己的生活太缺乏如此的爱好了。没有自己的爱好，犹如灵魂少了一些血肉，只剩生活这具骨架了。迷上了钢琴，爱上了钢琴，就这样，阿西开始每天在家里练习钢琴，从最基本的入门开始，一天一天练下去。

十月怀胎，女儿出生后，她已经能够弹一整首完整的曲子了。看着熟睡的女儿，看着认真弹琴的妻子，丈夫说，生活从来没有像现在这样温馨且令人陶醉。

女人一定要培养一些自己的兴趣爱好。难过的时候，兴趣是你最好的老师，教你走出心底的忧伤；快乐的时候，兴趣是你的密友，分享你的甜蜜；乏味的时候，兴趣是你的恋人，给你恋爱时的激情；寂寞的时候，兴趣是你的亲人，伴你走过最孤单的心理路程。

用你的兴趣爱好，以另一种方式融入这个世界之中，融化在人们心底柔软的深处。也许，你会在茫茫人海中找到知音，找到心灵有共鸣的那一个懂你的人，即使没有，孤芳自赏也未尝不可，同样能给自己带来一份优雅、一份宁静、一份淡泊、一份宽容。

伟大的思想家罗兰曾经说过：“当你所做的事情是你自己的爱好时，你会发现你做起事情来就会事半功倍，爱好能够让人变得聪明，爱好也能够给人带来动力，做自己喜欢做的事情就会在行程中得到快乐，在困难中得到鼓励！”

女人有了自己的兴趣爱好，生活就不会那么紧张。修身养性，提高生活品位，乐在其中，是一件很舒心的事情。从这些爱好中寻找乐趣，寻找情调，寻找生活的色彩，让原本美好的日子更加闪闪发亮。

读书会让灵魂变得丰满

女作家毕淑敏在《读书使人优美》中这样写道："读书是最简单的美容之法，读书是在聆听高贵的灵魂自言自语。想要美好的女人，就去读书吧！不需要花费太多的钱，只是需要花费很长的时间。可若能够持之以恒，优美就会像五月的花环，在某一天飘然而至，簇拥女人的颈间。"

不管是终日忙于工作，还是照顾家庭，这些都不该成为剥夺一个女人个人时光的理由。女人想要在岁月的冲刷中保持最初的光华，就要不时地充实思想，在床头为自己放一本书。

曾有人说，假如一个女人有十分的美丽，可若少了书的相伴，她就会失去七分的魅力和韵味。有一种女人虽算不上倾国倾城，却散发着独特的魅力，纵使素面朝天地走进花团锦簇、浓妆艳抹的女人中间，也会格外地引人注目。她的吸引力不在于外表，而在于那份深邃的气质，那份浑身流溢的书卷气息。

经常读书的女人，遇事善于思考，脑海里会萌生更多的灵感与创意；经常读书的女人，会用敏锐的目光看透事情的本质，在一团乱麻中找到头绪，用智慧解决问题；经常读书的女人，眼睛更容易发现美的事物，进而变得更加知书达理、善解人意。

林丽在一家外贸公司做出纳，精干的外表之下，隐藏着一颗丰富的心。翻开她的手袋，一侧是化妆品，一侧是书。她喜欢读尼采、叔本华。很多人不解，一个年轻时尚的姑娘，怎么会看枯燥无味的哲学，还随身携带？难道只是为了在人前作秀吗？

面对周围的质疑和猜测，她淡淡一笑，说道：“时尚杂志我每一期都会买，从不落下，可那教会我的不过是穿衣打扮，不过是流行趋势。读哲学，让我学会的是怎么装扮心灵，让我明白生活的真谛到底是什么。”

罗曼·罗兰说：“书让女人变得聪慧、变得坚韧、变得成熟。使女人懂得包装外表固然重要，而更重要的是心灵的滋润。和书籍生活在一起，永远不会叹息。”

读书，绝不仅仅是汲取知识，开阔视野，更重要的是修炼心性，提升品位。一个有内涵的女人，绝不会错过那些有深度的好书，因为读一本好书，就是和许多高尚的人谈话。一本好书，如同一杯醇香的清茶，芳香久远，沁人心脾。品着这样一杯茶，与苏轼那样的文豪一起领略“一蓑烟雨任平生”的洒脱；与陶渊明一起享受“采菊东篱下，悠然见南山”的闲逸；与三毛一起穿越撒哈拉沙漠；在简·爱的世界里，体会那不卑不亢的爱情。

那是一个很特别的女孩。无论遇到什么事，哪怕是他人摆出一副咄咄逼人的架势，她也从不轻易动怒。她总是莞尔一笑，给人以岁月安好的宁静。她的心如水般平静，从不对谁说刻薄的话，也不会议论别人的是是非非，更不会在心里怨恨嫉妒任何人。对于情感，她像是一朵洁白的雪莲花，不会给爱情和爱人附加任何条件，爱就是爱，简简单单，纯纯粹粹。

她的房间里，有一面书墙，摆满了各式各样的书。她最喜欢的，是一套三毛文集。她说，向往三毛与荷西的爱情，看她的文字，就像是领略一段别样的旅行，字字句句都透着真善美，透着对生活的热爱。这一切，无时无刻不在敲打着她的心。

她喜欢那些有深度的作家，就像毕淑敏，向来对生命存着敬畏和关爱，教她领悟活着的可贵，以及珍惜的要义。看过《预约死亡》之后，她真的去了附近的临终关怀医院，从那里走出来的时候，她满眼含泪，心情沉重之余多了一份对生命的敬重。

书架的书，是她的天堂，是她的世界。渡边淳一的《失乐园》，塞林格的《麦田里的守望者》，米兰·昆德拉的《生命中不能承受之轻》与《缓慢》，西蒙·德·波伏娃的《第二性》，瓦西里耶夫的《这里的黎明静悄悄》……全是她的朋友、她的导师。

每读过一本书，她都会精心写下一些感悟。这些感悟，发在豆瓣上，或者干脆自己收藏。她觉得，这是心灵的收获，是生命的无价之宝。

有书陪伴的日子，她觉得生命一直在被养分滋润着，吸引着天地间的精华，让心灵开出动人的花。书，是她精神上的导师，是她心灵上的翅膀，给了她一双能够自在翱翔的翅膀，也给了她水一样的温婉性情，透明却真实，温柔却不软弱。

她已经三十五岁了，有家，有孩子。可这一切，并没有打乱她的生活步调。她的书墙，就是她的精神领地，那是一个没有人能够占据的世界。她坚信，未来的十年、二十年，在书的包裹之下，她会比现在更从容、更自信、更优雅，淹没岁月的痕迹，保持一份出水芙蓉的别样之美。

记得美国女诗人埃米莉·迪金森写过一首诗：他吃喝下宝贵的词

语/他的灵魂茁壮成长/他不再知道他曾是穷人/也不知道他的身躯是尘埃/他在昏暗的日子里独舞/而这个翅膀的馈赠/只是一本书——自由。

这一生，无论走到什么地方，遇到什么人，过着什么样的生活，女人，都不要忘记一生的挚友和导师——书。它会让灵魂变得丰满，让生命变得纯澈，让美丽化为永恒。

喜欢的东西别等他人来送

安妮宝贝说：“要做一个内心强大的女子。碰到喜欢的东西，要自己买给自己。不可以寄希望于男人，否则会失望，或者会不珍惜。”

M向往大朵大朵的红玫瑰，望着电影里那一幕幕真情告白的场景，希冀着有一天能遇见一个目光温暖的男人，抱着一束玫瑰突然出现在自己面前。二十九岁生日时，她收到了梦中的玫瑰，只是那送玫瑰的人并不是她所中意的人，想象中的那一份感动与骄傲，始终是镜中花、水中月。

此后，M再没有疯狂地期盼过谁给自己送玫瑰，就连丈夫也如是。想要闻花香的时候，她会自己到花店买一束清新的百合，放在喜欢的竹藤圆茶几上，随时嗅一嗅它的芳香，提醒自己做个幸福的女子。她享受那一份买花给自己的情调，带着丝丝的浪漫，透着微微的感动，漾出缕缕的温存。那是一个女人给自己一份心疼、一份宠爱、一份慰藉，也是一个女人在物欲横流的时代中，留在心底深处最柔软的生活情调。

Z看上一条精美的锁骨链，她总觉得，这样的东西不能自己买，要心爱的人送给自己才有意义，才能切身地感受到被爱的幸福。于是，Z在他面前无数次地念叨，希望他能灵光一点，主动买给自己。可惜，粗心的男人不懂Z的心，他以为Z只是想败金，却不知她要的是那份心情。

终于有一天，Z央求他陪自己去珠宝店，买回了那条隔着橱窗看过三五次的铂金锁骨链。可是，戴在脖子上的那一刻，她完全体会不到任何的心动与满足。反倒是那只戴在手上、花了自己一个月工资买来的红宝石戒指，更让她觉得温暖与骄傲。

之后，每每被人问及这两件首饰是谁送的，她蓦然发现，说爱人送的像是在炫耀，说自己买的却能赢得羡慕。是啊，自己买给自己，这是一份多么高傲、多么美丽的生活姿态！

J想去西藏布达拉宫，感受一次心灵的净化。从未独行过的她，希望有只强而有力的手，拉着她去看看外面的世界。遇见他的时候，他信誓旦旦地说，会带她去想去的地方，看想看的风景。可惜，誓言与承诺总是有口无心，从陌生、互有好感走到至亲之人时，曾经说过的话，他已经不记得了。没时间、没有钱、没兴趣，一切都成了失信的理由。

一个阳光明媚的日子里，J终于不再等待。她想起安妮说的那段话："为何要在茫茫人海寻找灵魂唯一之伴侣，自己是唯一伴侣，他人不过是路边风景，就如你坐在火车上，看得到风景在出现、消失，又出现，一直此起彼伏，那是因为你在前进。你只能带着自己去旅行。对他人，可以善待、珍重，但无须寄以厚望。没有人可以解决我们的内心。"是的，自己想要的、自己想做的，自己去实现。她买了那张渴望已久的车票，坐上火车去拉萨。

V从未希冀别人送给自己什么，只是迫于生活的压力，想把更多的钱留下来，给孩子做教育资金，给丈夫开一家店，却吝于给自己买一件喜欢的东西。图书馆附近的琴行里，那架白色的钢琴，她从门口看过无数次，每次只停留几秒钟，便又轻轻握一下拳头，快步离开。

直到后来，她遇见多年未见的好友，那个温婉的女人请她到美容院放松。她第一次体会到，做女人真好。好友告诉她，未雨绸缪是一份负责任的生活态度，可是不能太甚。女人这一生可以吃一点苦、受一点累，但是心不能苦，生活不能辜负。最好的生活方式，是一边计划未来，一边享受现在，哪怕只是小小的享受，也比熬成正果，坐拥豪宅，却只剩下一颗苍老的无法再享受的心要好。

走出美容院后，她又到了那家琴行，坐下来用那架白色钢琴弹了一首曲子。谁也没想到，一位三十几岁、穿着普通的女人，竟然能够弹得一首好钢琴。就连她自己都忘了，当年在大学读书时，她也是校内的文艺骨干。在悠扬的琴声里，她感谢与自己重逢的好友，若不是她，或许自己这辈子都不会再弹琴了，更不会想到，做女人要宠爱自己。

那天，她买下了那架白色的钢琴，当作送给自己三十五岁生日的大礼。钱是花了，可她的心一下子变得从容了。她知道，真正的生活才刚刚开始。

女人，要学会为自己活着，更要学会为自己负责。紧张和吝啬会养成习惯，不要等到不能享受了，再后悔不曾享受生活。喜欢一样东西，用自己的能力去得到没什么不合适。

想看一场音乐会，那就干脆买票优雅地进场，只要在第一时间听到想听的声音，丰富生命的内涵，那就不算浪费。想买一件蚕丝睡衣，那就在自己能够承受的条件下，为自己买一套，不要再拿旧衣服当睡衣穿，它会让你感受不到生活的品质，也会让爱人觉得你没有魅力。想买一套护肤品，花一部分工资成全自己，脸上的钱不能太节省，青春是无价的，等有一天你有足够的钱了，想要再美美地保养时，却是花再多的钱也买不回娇颜了。

女人的幸福，冷暖自知。不要奢望谁能永远知你的心，不要希冀谁能第一时间给你想要的生活。若真是想要一件东西，想体验一种情调，那就自己成全自己。自爱，无须等待。

保持学习力，为自己加油

T是一位女性心理咨询师，长期以来一直关注着女人的身心健康问题。

一个下雨的日子，有个三十出头的女人走进T的办公室，讲起了自己的故事。

二十三岁那年，她与老公相识相恋并结婚。一切似乎来得太快了，可惜爱情本就不是时间能够衡量的。之后，夫妻两人白手起家，共同奋斗，打拼出了一番事业。日子相较从前是好过了，她也安心地做起了全职太太。可这时，七年之痒找上门来，丈夫有了外遇。

自己苦苦撑起来的家，眼看着就要被别人毁了，她心里焦急不安。可是，长达两年的家庭主妇生活，已经让她失去了对事业和梦想的憧憬，除了这个家，她实在不知道还能去哪儿，还能干什么。

在讲述遭遇的过程中，她还对T说了一个细节：“二十几岁的时候，我和他去看电影，我们不经意间牵了手，结果幸福了整整一个冬天。三十岁的时候，我和他在旋转餐厅里用餐，在缓缓的转动中，我觉得心里有一股莫名的空虚，突然间对一切都失去了兴趣，即使是难得跟忙碌的他一起用餐。”接着，她眼圈红了，说感觉自己真的变老了，也找不回原来的自己了。

夫妻之间，为对方付出是爱、是义务，可在付出的同时，也不要忘记自己的成长。作为三十岁的女人，就算不是一本情节跌宕起伏的故事书，可至少不能像一张白纸，让人觉得索然无味。你可以让自己凸显出精致和丰富的内涵，而这些东西，都需要经过不断的学习、充实和成长。

符离过一次婚，再婚后嫁给了一位香港的商人。阔太太的生活让她衣食无忧，每天跟朋友打打牌、逛逛街，日子过得很是惬意。可是，就像所有电视剧、小说里演的那样，丈夫在外面找了情人，并在对方的怂恿下，执意与她离婚。符愤怒、伤心、痛哭，根本无法接受。

一直以来，符都想去美国。为了顺利离婚，丈夫提出，可以把符送到美国，再给她一笔钱。朋友圈的人都知道，符的老公对她很好，现在出了这样的事，她也觉得很丢脸，实在没办法再在人前从容自若。无奈之下，她只好同意去美国。

刚到美国的那几个月，她痛苦极了，每天郁郁寡欢。在那里，一个亲人朋友也没有，她无处倾诉，唯一的发泄方式就是哭。哭的时间长了，她的视力也受到了影响。痛定思痛之后，她慢慢地恢复了理智，接受了现实，也强迫自己改变眼前的一切。她到一家中国餐馆打工，晚上拼命学英语。

去美国之前，她根本就没看过英文书，只知道最简单的几句问候语和有数的单词。对于一个三十几岁、没有英文基础的女人来说，学英语实在太难了。可她没有退路，只有克服了语言障碍，她才可能在美国生存下去。所幸，她挺过去了，现在的她在美国生活得很好。

只是，提及那段日子，她依然感慨万千：“过去在广州和香港的时候，我觉得自己很幸福。可现在回头看看，当时的我就像是一只画眉鸟，每天被关在笼子里，别人给点食物，没有自由，也没有什么可做的事，根本算不得幸福。后来，每天忙着学英语、学开车，虽然很累，可是心里不空虚，每天都有成就感。慢慢地，我找到了自己的存在感，也实现了自己的价值。女人，真的得不断学习，不断完善自己，因为你不知道什么时候，你就必须靠自己过下去。”

有些女人是因为家庭而停下了学习的脚步，还有些女人是因为年龄。她们总把“老”字挂在嘴上，以年龄的增加、身体的状况、精力的不足等理由，纵容自己放弃学习，不得不说，真的很可惜。其实，人生真正的衰退并不是白发与皱纹，而是心灵的老化，是丧失了学习与进取的激情。

对女人而言，在生命的每段岁月里，学习都是充盈内心的最佳途径之一，它能让你体会到思想逐渐变得深厚的喜悦，让你看到生命的成长和潜能。当然，学习的含义并非接受正规的教育课程，学习的场地也不仅限于校园，它是心灵所需的自发运动，贯穿生命的全程。

曾经，一家有名的报纸用整个版面刊登了对欧蕾太太的专访。白天，她在一家百货公司打工，是一名普普通通的售货员；晚上，她的身份又变成了学生，和很多年轻人一起走进夜校。欧蕾太太用四年的时间，完成了高中教育的全部课程，之后又开始攻读大学课程。此时的她，已经整整六十岁了。

欧蕾太太都这么大岁数了，为什么不好好享受晚年，还要这么折腾？她是这样说的：“世界变化太快了，有很长一段时间，我觉得自己心力不足，追赶不上它的脚步。那时候，我慌乱、焦急、烦躁不安，不知道该怎么办。那感觉，就好像被世界抛弃了，心里非常失落。后来我知道，是我对生活失去了信心，对自己失去了信心。身处一个浮躁的大环境，没有一颗强大的内心，肯定无法安心地活着。于是，我开始像年轻人一样，坚持每天学习，为心灵充电加油。慢慢地，我看到了自己的进步，而我也在进步中体会到了充实的滋味，逐渐找回了对生活的信心。”

年轻时的她，因为家庭的关系，也因为自己的无知，错过了学习的好机会。而现在，她最大的理想就是坚持学习，把自己的学历提升到高中，之后是大学，最后成为一名律师。现在，她的理想已经完成了一半。按照她的进度推算，大学课程可能要花费五年或者更长的时间。不过，欧蕾太太很有耐心，也很享受学习的过程。她从不认为这样的学习枯燥漫长，每次考过一门课程，她会觉得距离理想又靠近了一步，心中的快乐也多了一分。她说：“现在的我，感觉年轻了不少。”

托马斯曾说过：“任何大学教育或教育培训制度教给我们的只是如何帮助自己，而我们自己则必须学会如何教育自己。”在时刻变化的时代里，女人要感受到丰富和自身的价值，不是马不停蹄地加快生活的脚步，而是要不断地拓宽眼界，从周围汲取知识的养料，滋养躁动的心，让它更强大、更容易发现快乐、感受快乐。